HEYNE ‹

Die Autoren
Jürgen Hesse, Jahrgang 1951, und *Hans Christian Schrader*, Jahrgang 1952, sind Diplom-Psychologen und die deutschen Top-Experten in Sachen Personalauswahlverfahren, Personaltests und Bewerbungsstrategien. Seit 1985 haben die beiden Berliner Psychologen zahlreiche, immer wieder aktualisierte Ratgeber zu den wichtigsten Themen rund um die Bewerbung veröffentlicht und damit unzähligen Menschen bei der Stellensuche, bei Vorstellungsgesprächen oder bei Personalauswahlverfahren erfolgreich geholfen.

Anschrift der Autoren
Büro für Berufsstrategie
Hesse/Schrader
Oranienburger Straße 4-5
10178 Berlin
Tel. 030/28 88 57-0
Fax 030/28 88 57-36

HESSE/SCHRADER

DIE ZEHN GEBOTE DER JOBSICHERUNG

Machen Sie sich unkündbar!

WILHELM HEYNE VERLAG
MÜNCHEN

FSC
Mix
Produktgruppe aus vorbildlich
bewirtschafteten Wäldern und
anderen kontrollierten Herkünften
Zert.-Nr. SGS-COC-1940
www.fsc.org
© 1996 Forest Stewardship Council

Verlagsgruppe Random House FSC-DEU-0100
Das für dieses Buch verwendete
FSC-zertifizierte Papier *Super Snowbright*
liefert Hellefoss AS, Hokksund, Norwegen.

INHALT

FAST READER

Egal ob Sie sich vorbeugend informieren wollen oder sich bereits Sorgen machen um den Erhalt Ihres Arbeitsplatzes – hier erfahren Sie sehr praxisorientiert und anschaulich, wie Sie in der Arbeitswelt bestehen und sich entscheidend besser platzieren.

Wir bieten Ihnen einen konkreten Wegweiser in Form von »10 Geboten« an: die entscheidenden Voraussetzungen, um sich erfolgreich in der Arbeitswelt zu positionieren, andere für sich einzunehmen und zu Ihren Unterstützern zu machen. Unter anderem erklären wir Ihnen,

▶ wie Sie Ihre Selbstwirksamkeit, Ihr Selbstvertrauen steigern und Ihren eigenen Stärken wieder mehr vertrauen,

▶ wie Sie bewusst sympathisch wirken und so andere von sich und Ihren Zielen überzeugen,

▶ wie Sie konfliktfreier und zielorientierter kommunizieren und schneller mit anderen in Kontakt kommen,

▶ wie Sie Profi in Sachen Eigen-PR werden und positiv auf Ihre Leistungen aufmerksam machen,

▶ wie Sie richtig Ziele und Prioritäten setzen und so das für Sie Wichtigste nicht aus den Augen verlieren,

▶ wie Sie an Ihrem beruflichen Netzwerk arbeiten und hilfreiche persönliche Unterstützung erhalten,

▶ wie Sie als wertvoller Problemlöser wahrgenommen werden und Ihre wichtigsten Kernkompetenzen ausbauen,

▶ wie Sie in Krisen gelassen und geduldig bleiben und durch Ruhe und Optimismus punkten,

▶ wie Sie sich anpassungsfähig und flexibel verhalten und dennoch Rückgrat bewahren und

▶ wie Sie unternehmerisches Denken und Handeln lernen,

▶ kurzum: wie Sie Ihre Ressourcen optimal einsetzen.

Die 10 Gebote
der Jobsicherung

Die Angst vor dem Verlust des Arbeitsplatzes ist in Deutschland
(und sicherlich auch in den angrenzenden deutschsprachigen Län-
dern) auf einem Rekordhoch. Steigende Preise, schlechte Wirtschaftslage, Diskussionen um die Sozialreformen und wachsende
Arbeitslosigkeit liefern 52 Prozent der Bürger Grund zu großer beziehungsweise sehr großer Besorgnis. Viele denken, jetzt könnte es
sie selbst treffen.[1]

Fast jeder Zweite büßt durch die steigende Angst um seinen Job an
Leistungsbereitschaft ein – mit enormen Folgekosten für die Wirt-
schaft.[2] In Betrieben, in denen Mitarbeiter entlassen werden, leiden
viele an Nervosität, Reizbarkeit und Lustlosigkeit oder fühlen sich
ausgebrannt.[3] Die Übrigen haben meist mehr Arbeit als vorher, da
die entlassenen Kollegen nicht ersetzt werden. So liegt die Zahl der
Krankmeldungen in Unternehmen, in denen gekündigt wird, rund
10 Prozent höher als in Unternehmen ohne Entlassungen.[4]

Arbeitsplatzverlustangst

»Ich bin Angestellte in einem Industrieunternehmen und habe mich immer sehr stark für meine Arbeitsaufgaben und mein Unternehmen engagiert. Mein Motto lautet: ›Je mehr ich leiste und der Firma diene, umso sicherer ist mein Arbeitsplatz.‹ Unzählige Überstunden habe ich im Büro vor meinem PC angesammelt und auch meine Urlaubsplanung stets nach den Interessen der Firma ausgerichtet. Meine Familie und meine Freunde musste ich in den letzten Jahren sehr vernachlässigen, da mir mein Job immer weniger Freizeit ließ. Trotzdem habe ich bei Verhandlungen über Lohnerhöhungen nie überzogene Forderungen gestellt und stets die geringen Zugeständnisse meines Chefs mit einem freundlichen Lächeln akzeptiert.

Seit einiger Zeit gibt es in unserem Unternehmen Gerüchte, dass die Firma an einen ausländischen Investor verkauft werden soll, der dann sicherlich auch Entlassungen plant. Das macht mir sehr zu schaffen. Ich kann nicht mehr ruhig schlafen und meine Gedanken drehen sich nur noch um die Frage: Habe ich morgen noch Arbeit oder gehöre ich bald zu den vielen Millionen Arbeitslosen in diesem Land? Sollte ich wirklich entlassen werden, so wären die Opfer der letzten Jahre vollkommen umsonst gewesen. Wenn Fleiß und Engagement nicht mehr den Arbeitsplatz sichern, was dann? Was zählt eigentlich wirklich, wenn es darum geht, ob man einfach aussortiert wird oder seinen Job behalten darf?«

Wie Ihnen dieses Buch hilft

Wir möchten Sie dabei unterstützen, Ihren Job zu behalten, und Ihre Angst vor dem Arbeitsplatzabbau und dem Verlust Ihrer beruflichen Aufgaben reduzieren. Mit unseren Strategien lernen Sie, besser mit Ihren Mitmenschen in der Arbeitswelt klarzukommen, sich mit Ihrem beruflichen Können schärfer zu profilieren und erfolgreicher zu präsentieren, kurzum: sich selbst besser zu inszenieren, ja sich nahezu unentbehrlich zu machen.

»Am schwierigsten zu finden ist immer der Wegweiser«, sagt ein chinesisches Sprichwort. Die vorgestellten Beispielgeschichten, Anregungen, Übungen und Empfehlungen können Sie in Ihrem Joballtag relativ leicht umsetzen. So werden Sie sicherer im Umgang mit Kollegen und Vorgesetzten und reagieren deutlich souveräner auf stressige Situationen.

Jedes Kapitel steht für sich, und Sie können nach Lust und Laune zunächst das lesen, was Sie am meisten interessiert. Dennoch bauen die Gebote aufeinander auf, wiederholen und vertiefen wichtige Aspekte, stehen in einem sehr engen, sich immer wieder überschneidenden Zusammenhang. Die entscheidenden Basisthemen wie Selbstbewusstsein und Kommunikation kommen in fast allen »Geboten« zum Tragen, ebenso wie die Empfehlung zu einem deutlich unternehmerischen Denken und Handeln.

In einer einleitenden Fallgeschichte wird Ihnen jeweils vorgestellt, worum es in diesem Kapitel geht. Der nachfolgende Text setzt sich mit dem Hintergrund, dem praktischen Handwerkszeug, aber auch der Theorie auseinander. Auf den Punkt gebracht und abgerundet wird das Ganze durch eine fortlaufende Fallbeschreibung, in der die präsentierten Inhalte noch einmal nachvollziehbar und konkret dargestellt werden.

Bevor es losgeht, möchten wir Sie auf den Anhang unseres Buches aufmerksam machen. Hier bieten wir Ihnen einen Selbsteinschätzungstest an und gehen ganz konkret auf Ängste ein, die viele im Zusammenhang mit ihrem Arbeitsplatz haben. Wie das Kaninchen vor der Schlange fühlen sich etliche vor Furcht nahezu gelähmt und meinen, nicht mehr selbst aktiv werden zu können.

Aus dieser Falle möchten wir Sie befreien. Falls Sie schon sehr konkrete Ängste haben, Ihren Arbeitsplatz zu verlieren, lesen Sie vielleicht zunächst den Anhang auf Seite 223. Oder machen Sie den Einschätzungstest (auf Seite 215), der Ihnen hilft, Ihre Jobsituation und eine eventuelle Gefährdung noch etwas objektiver zu betrachten.

Falls Sie dieses Buch jedoch vorbeugend lesen wollen, einfach als weiterbildende Lektüre, starten Sie hier …

Die Leidensgeschichte der Sabine Behler

Sabine Behler aus Berlin, Jahrgang 1960, unverheiratet, keine Kinder, war bis Anfang 2005 eine von etwa 4,8 Millionen Arbeitslosen in diesem Land. Jetzt befürchtet sie, ihren noch relativ neuen Job (seit etwa eineinhalb Jahren) schon wieder zu verlieren und abermals in die Arbeitslosigkeit abzustürzen.

Rund fünf Jahre hatte Sabine versucht, wieder Fuß zu fassen – ohne wirklichen Erfolg. Sie hat gejobbt, hat hier und da für kurze Zeit eine Aushilfstätigkeit, eine Vertretung übernommen, ist sogar putzen gegangen. Eine Dauerlösung war das nicht.

Sabine hat kurz vor dem Abitur 1979 das Gymnasium verlassen und einen Ausbildungsplatz bei einer Bank gefunden. Eigentlich wollte sie nach dem Abitur Psychologie studieren, aber die kritischen Bemerkungen ihrer Eltern und Freunde verunsicherten sie damals: damit könne man doch nie seinen Lebensunterhalt verdienen, so etwas studiere man nur, wenn man es selbst nötig habe.

Sabine Behler ist nicht dumm. Sie hat eine ordentlich abgeschlossene kaufmännische Ausbildung und zeigte die immer wieder geforderte Flexibilität. Nach zwei Jahren Berufserfahrung in der Bank wollte sie BWL studieren und holte das Abitur auf einer Abendschule für Erwachsene nach. Aber bereits nach wenigen Semestern gab sie das BWL-Studium auf. Eine Rückkehr zur Bank sollte eine Zwischenlösung auf dem Weg in eine neue berufliche Perspektive sein. Sie brauchte etwas Zeit, um herauszufinden, was sie eigentlich beruflich wirklich wollte. Als man ihr eine Auflösung des Arbeitsvertrages anbot, ahnte sie nicht, welche Schwierigkeiten dies für ihren weiteren Berufsweg bringen würde. Da sie sich mit ihrer Vorgesetzten nicht gut verstand, fiel ihr der Abschied von der Bank leicht.

Nach kurzer Suche arbeitete sie dann Ende 1989 in einem Computer-Vertriebsbüro. Pech, dass dieses Unternehmen schon nach einem Jahr in die Insolvenz ging und ihr das Gehalt für drei Monate schuldig blieb. Immerhin hatte sie hier ihr Interesse an der modernen Datenverarbeitung entwickelt. Leider war sie die Einzige, die immer wieder vertröstet wurde, dass ihr Geld bestimmt bald überwiesen werde. Sich durchzusetzen, angemessene Forderungen zu stellen und diese auch erfüllt zu bekommen, fiel Sabine schwer. Sie wirkte immer sehr bescheiden und blieb lieber im Hintergrund.

Nach einem halben Jahr ohne Job sollte ihr eine selbst finanzierte achtmonatige Weiterbildung zur Systembetreuerin den Einstieg in die Computertechnikbranche bringen. Als sie nach Abschluss und vier weiteren Monaten Arbeitssuche keinen Job gefunden hatte, griff sie Anfang 1991 nach einem Strohhalm und trat einen Bürojob an, um ihr Bankkonto wieder auf einen ordentlichen Stand zu bringen. Da sie über keinen großen Bekanntenkreis verfügte und keine beruflichen Unterstützer hatte, sah sie für sich keine anderen Chancen.

An diesem Arbeitsplatz brauchte man Unterstützung in der Buchhaltung. Sabine zeigte sich flexibel und lernte schnell. Abends besuchte sie sogar noch zusätzlich Buchhaltungskurse. Mühelos bestand sie die IHK-Prüfung. Dann wechselte sie die Firma. Ein Kunde hatte sie abgeworben. 1999 beendete jedoch ein Krach mit ihrem direkten Vorgesetzten das Arbeitsverhältnis.

Glücklicherweise war es die Zeit, in der viele Computer- und Internetfirmen boomten. Buchhalterinnen waren nicht wirklich gefragt – ein folgenschwerer Irrtum, wie sich später herausstellte –, aber einen Job zu finden, gelang ihr mit ihrem beruflichen Hintergrund schon.

Nun war sie für das Marketing zuständig und sollte Internetwerbung verkaufen.

Eigentlich hätte sie jetzt doch gerne noch ein Psychologiestudium angefangen. Ihr Arbeitgeber lehnte ab: der Job erfordere einen Zehn-Stunden-Einsatz. Sabine passte sich abermals an.

Die Boombranche stürzte ab. Sabine war Mitte 2001 zwar eine der Letzten, die die Firma verließen, aber sie war wieder arbeitslos. Die Gehälter der letzten Monate für ihren Durch- und Aushaltewillen bekam sie leider wieder mal nicht. Aber das kannte sie ja schon. Wie lange es dieses Mal dauern würde, bis sie einen neuen Arbeitsplatz hätte, konnte sie sich nicht vorstellen. Sich immer wieder selbst anbieten und um einen Arbeitsplatz betteln zu müssen, lag ihr absolut nicht. Sie überzeugte lieber durch ihre Leistungen – das aber setzt eine Chance voraus, zeigen zu dürfen, was man kann.

Etwas über 40, mit viel Erfahrung in unterschiedlichen Bereichen, abgeschlossener solider Berufsausbildung, flexibel und erwiesenermaßen lernmotiviert, verstand sie die Welt nicht mehr, als sie ein Jahr später immer noch keinen neuen Arbeitsplatz hatte. Dann begann das Arbeitsamt ihr Trainings- und Beschäftigungsmaßnahmen anzubieten. Sabine machte willig, wenn auch unglücklich mit, arbeitete als Hilfsbibliothekarin in einer Schule, wendete sich unterprivilegierten Kindern zu und übernahm deren pädagogische Nachmittagsbetreuung, half im städtischen Krankenhaus am Informationsdesk aus. Zwischendurch war sie immer wieder ohne Job. Einschränkungen aller Art waren jetzt die Normalität. Ihre Kontakte zu ihren Bekannten nahmen immer mehr ab.

Anfang 2005, nach über 400 Bewerbungen und fast vier langen Jahren Arbeitslosigkeit, fand sie einen neuen Job im Bereich Internetmarketing. Sie ist die erste Assistentin der Bereichsleiterin, übernimmt viele Sekretariats- und Organisationsaufgaben und zittert jedes Quartal, wenn die Geschäftsergebnisse ausgewertet werden. In dieser doch relativ kurzen Zeit hat sie eine ganze Reihe Kollegen und Kolleginnen das Unternehmen verlassen sehen. Auch wenn gelegent-

lich immer wieder welche eingestellt worden sind – der Personal-
abbau überwiegt deutlich.
Sabine hat Angst, bald auch zu denen zu gehören, auf deren Mitar-
beit man verzichtet. Ohne Klage leistet sie Überstunden und nimmt
noch Arbeit mit nach Hause. Ihre Einzimmerwohnung traut sie sich
nicht aufzugeben. Sie hat Angst, sich eine höhere Miete bald schon
nicht mehr leisten zu können. Zu lebendig ist in ihr noch die Erfah-
rung der Arbeitslosigkeit und der damit verbundenen finanziellen
Knappheit.

Was hat Sabine Behler falsch gemacht, was hätte sie anders,
was besser machen oder auch lassen sollen? Worauf kommt
es wirklich an in der Arbeitswelt? Wie lauten die Spiel-
regeln, oder besser: Was sind die entscheidenden Gebote?
Was zählt in der Arbeitswelt wirklich?
Vielleicht hätte Sabine Behler doch besser nach dem Abitur
Psychologie studiert. Auch ein Jahr im englischsprachigen
Ausland hätte ihrem Selbstbewusstsein sicher gut getan.
Kurz – den eigenen Weg muss man selbst finden und sich
trauen, ihn zu beschreiten.
Worauf es dabei ganz wesentlich ankommt, lesen Sie in den
folgenden 10 Geboten.

Ausharren und Leiden ist eine Art Selbstbestrafung,
aber kein Weg, mit Schwierigkeiten fertig zu werden.
George S. Stevenson

1. Gebot: Trauen Sie sich etwas zu!

Gerade in Zeiten der beruflichen Krisen und Verunsicherung ist es wichtig, nicht den Kopf in den Sand zu stecken. Hadern Sie nicht mit Ihrem Schicksal. Sie können es beeinflussen, indem Sie aktiv werden und Entscheidungen treffen. Vertrauen Sie Ihren Stärken und sehen Sie sich positiv. Selbstbewusstsein und Selbstvertrauen sind die wichtigste Grundlage für Ihr erfolgreiches Bestehen in der Arbeitswelt. Dabei geht es um vier sehr facettenreiche Felder:

▶ die Auseinandersetzung mit Ihren beruflichen Potenzialen und die sich daraus ergebende Konzentration auf Ihre Kernkompetenzen,
▶ Ihre kommunikativen Fähigkeiten in der Arbeitswelt, angefangen beim Sympathie mobilisierenden Auftreten bis hin zur gelungenen Selbstpräsentation,
▶ das Networking (die selbstbewusste Beziehungspflege) sowie
▶ sozial und emotional intelligentes Verhalten bis hin zum unternehmerischen Denken und Handeln.

Stichworte: vertrauen – zutrauen – sich trauen

Stärken Sie Ihr Selbstbewusstsein

»O Gott, das Meeting läuft seit fünf Minuten, und ich komme zu spät, wie peinlich, schon wieder ein Minuspunkt beim Chef«, rast es dem Hauptbuchhalter durch den Kopf. Er klopft zaghaft an. »Ja, bitte!?«, donnert es gereizt von drinnen. Er drückt langsam die Klinke herunter, öffnet die Tür einen Spalt und lugt in den Raum. »Entschuldigung«, flüstert er und huscht mit gesenktem Kopf in die hintere Ecke, wo er noch einen freien Platz erspäht hat. Auf dem Weg dorthin bleibt der Hauptbuchhalter mit dem Fuß an einem Kabel hängen, lässt vor Schreck seine Unterlagen fallen und wird puterrot. »O nein, auch das noch, ich kann einfach gar nichts richtig machen«, kommentiert er sich leise selbst. Er setzt sich, blickt verschämt vor sich auf den Boden und wünscht sich nichts sehnlicher, als einfach unsichtbar zu sein.

Noch einmal die gleiche Szene mit anderen Vorzeichen:

Das Meeting hat längst begonnen, da öffnet sich die Tür: »Sorry, meine Damen und Herren, ein wichtiger Anruf«, strahlt der Hauptbuchhalter in die Runde. Er ist gut angezogen und offensichtlich bestens gelaunt. Dann nickt er seinem Chef freundlich zu, wählt einen Sitzplatz weit vorn aus, knöpft sein Jackett auf, setzt sich und breitet in Ruhe seine Unterlagen vor sich aus. Jetzt lehnt er sich entspannt zurück. Einige Sekunden später schnellt er aus seinem Sitz hervor. »Zu diesem Problem habe ich eine interessante Erkenntnis gewonnen«, klinkt er sich in die laufende Diskussion ein. »Wenn ich Ihnen das kurz erläutern darf ...« Er steht auf und geht hinüber zum Flipchart, blickt wieder freundlich von einem Meeting-Teilnehmer zum nächsten, zeichnet ein Diagramm. »Zugegeben, ziemlich ungelenk, meine Damen und Herren«, lacht er, »meine Stärken liegen eher im analytischen Bereich, aber das wissen Sie ja ...«

Locker, sympathisch, kompetent, kurzum: einfach angenehm selbstbewusst – so stellt sich der ideale Mitarbeiter dar. Insbesondere in harten Zeiten, in denen unter Druck gearbeitet, das nahezu Unmögliche verlangt wird und trotzdem immer mehr Stellen abgebaut werden. Eine enorme persönliche und berufliche Herausforderung.

Mit der Angst vor der drohenden Kündigung ist häufig ein sinkendes Selbstbewusstsein, ein gestörtes Selbstwertgefühl verbunden. Das eigene Auftreten wird unsicher, mit der Folge, dass die Umwelt darauf negativ reagiert und das Selbstbewusstsein weiter sinkt. Das Feedback ist meist wieder ablehnend und das Selbstwertgefühl bröckelt noch mehr – eine typische negative Spirale entsteht.

Dieser gilt es mit aller Kraft entgegenzuwirken, denn Selbstbewusstsein ist in der Arbeitswelt wichtiger als fachliche Kompetenz, wichtiger als Fremdsprachen- oder PC-Kenntnisse. Selbstbewusstsein ist der Ausgangspunkt von allem – es ist das Fundament, auf dem Ihr »Haus« (sprich: Ihre berufliche Karriere) steht. Es ist einer der wichtigsten, vielleicht sogar der wichtigste Weichensteller, ohne den alles andere wie Können, Leistungsbereitschaft und Ihre sonstigen Persönlichkeitsmerkmale nicht wirklich zum Tragen kommen.

Je mehr Sie sich selbst *vertrauen*, desto eher werden das auch andere tun und Ihnen damit die entsprechenden Aufgaben und Kompetenzen *zutrauen*. Sie werden andere von sich und Ihren Zielen leichter überzeugen, konfliktfreier und zielorientierter kommunizieren und dadurch auf Ihre Leistungen positiv aufmerksam machen. Es wird Ihnen gelingen, die richtigen Ziele und Prioritäten zu setzen und dabei auch noch hilfreiche persönliche Unterstützung zu erhalten. Man wird Sie als wertvollen Mitarbeiter wahrnehmen, und Sie haben die besseren Chancen, Ihre wichtigsten Kernkompetenzen auszubauen. Selbst in Krisen können Sie gelassener und geduldiger bleiben und so durch Optimismus punkten.

Doch wie verhalten Sie sich, wenn Ihr Chef Ihre Leistungen nicht zu würdigen weiß, die Kollegen nicht zusammenhalten, sondern sich gegeneinander ausspielen, und Ihre persönliche Situation einen Arbeitsplatzwechsel nahezu unmöglich erscheinen lässt? Wie können Sie in dieser Konstellation noch selbstbewusst auftreten? Was können Sie für die Stärkung Ihres Selbstwertgefühls tun?

Ziel dieses und auch der folgenden Kapitel ist es, Ihnen zu zeigen, wie Sie sich (wieder) Ihrer eigenen Stärken bewusst werden und wie Sie (besonders nach außen) Ihre selbstbewusste Wirkung auf andere verstärken können. So setzen Sie einen sich selbst verstärkenden Kreislauf in Gang: selbstsicheres Auftreten wird von anderen als sympathisch empfunden, positives Feedback ist die Folge, eine bejahende Reaktion unserer Umwelt wiederum stärkt unser Selbstbewusstsein und Selbstwertgefühl. Sobald Ihnen die ersten Schritte gelungen sind, wird Ihnen dies Kraft und Bestätigung für weitere Taten geben. Ihre Leistungen werden steigen – und dies wird auch Ihre Arbeitsumwelt positiv bemerken.

In den folgenden Geboten haben wir weitestgehend auf eine theoretische Analyse verzichtet und zeigen Ihnen lieber, wie Sie ganz konkret an Ihrem Selbstbewusstsein und dem Vertrauen in Ihre Selbstwirksamkeit arbeiten können.

Schritt für Schritt Selbstbewusstsein aufbauen

»Geht das überhaupt?«, werden Sie jetzt möglicherweise denken. Seien Sie versichert: ja, es geht. Wenn auch nicht auf einmal oder in Riesensprüngen. Der Entwicklungsprozess des Selbstbewusstseins vollzieht sich allmählich. Manch einer macht große Schritte in kurzer Zeit, ein anderer wiederum viele kleine über einen längeren Zeitraum verteilt. Dabei ist der erste Schritt, wie bei so vielen Dingen im Leben, der wichtigste.

Wir zeigen Ihnen, wie Sie ganz konkret Ihr berufliches Selbstbewusstsein in drei Hauptschritten auf- und ausbauen können. Zum besseren Verständnis erklären und beschreiben wir eine Phase nach der anderen, tatsächlich greifen sie jedoch ineinander. Es geht dabei zunächst um eine Phase der *Reflexion,* das bedeutet Nach- und Überdenken, dann um *Aktion*, also ein mutiges, zielgerichtetes Handeln, nachdem man sich einen Plan gemacht hat, und schließlich um *Autonomie*, also die Unabhängigkeit.

1. Schritt: Reflexion

Um mehr Selbstbewusstsein zu entwickeln, das persönliche Selbstwertgefühl zu steigern, den Glauben an die eigene Selbstwirksamkeit zu stärken, ist vorab eine gründliche Analyse Ihrer selbst wichtig. Also: Wer sind Sie? Ihr »Selbst« ist bereits vorhanden, Sie müssen es lediglich mit möglichst allen Facetten kennen, schätzen und annehmen lernen. Ziel ist dabei ein klarer Blick auf das, was Ihr Selbst ausmacht: Ihre Selbstbilder, Ihre Rollen, Überzeugungen und Werte, Ihre Gefühle und Bedürfnisse, aber auch Ihre Potenziale.

Erzählen Sie Ihre Geschichte

Wir sind, was wir von uns erzählen. Wenn Sie einem anderen zeigen wollen, wer Sie sind, erzählen Sie Geschichten aus Ihrem Leben: lustige Anekdoten aus Ihrer Kindheit, spannende Abenteuer aus Ihren Urlauben, Sie erzählen von Ihren Erfolgen im Beruf oder Ihren Missgeschicken. Jeder Mensch verarbeitet seine Erfahrungen, indem er sie zu Geschichten formt. Und aus diesen vielen, kleinen Geschichten entsteht seine gesamte Lebensgeschichte.

So liefern wir in einem Vorstellungsgespräch dem Personalchef eine Lebensgeschichte ab, in der ein Bildungsabschluss den nächsten, ein beruflicher Erfolg den anderen jagt. Wir berichten von gelungenen Projekten, von gestiegenen Umsätzen, von bemerkenswerten Verbesserungsvorschlägen, beeindruckenden Innovationen – kurz: Wir erzählen die Saga eines Berufshelden. Sitzen wir dagegen mit unseren besten Freunden zusammen, erzählen wir vielleicht auch von unserer schwierigen Kindheit, von gescheiterten Beziehungen, von geplatzten Plänen und Träumen, von bitteren Enttäuschungen und Ängsten – die Geschichte eines mehr oder weniger großen Unglücksraben.

Beide Varianten sind »wahr«. Sie bauen auf den Fakten unseres Lebens und auf unseren Erinnerungen auf. Wir gewichten sie nur anders, denn wir »sind« diese und noch viel mehr Geschichten. Sie begründen unsere Identität, unser Selbstgefühl. Deshalb sehen Experten unser Gedächtnis als Basis unseres Selbstkonzepts, das heißt unseres Selbstbewusstseins an.

Wenn Sie gut gelaunt und voller Selbstvertrauen sind, wird Ihnen viel eher Ihre gute Prüfung einfallen als Ihre Pleiten in der Schulsportstunde. Fühlen Sie sich ohnehin schlecht, dann laufen eher die unangenehmen Erinnerungen an Barren, Reck und 100-Meter-Bahn vor Ihrem inneren Auge ab. Spitzensportler nutzen diese Erkenntnis, indem sie sich in Wettkampfsituationen gezielt an ihre Erfolge erinnern, sich emotional möglichst intensiv in diese vergangenen Situationen hineinversetzen. Umgekehrt vermeiden sie es, sich an Misserfolge zu erinnern, und stoppen solche negativen Gedanken.

Diese Methode funktioniert nicht nur bei Spitzensportlern.

Wenn Sie gezielt Erinnerungen an bestandene Prüfungen, gelungene Vorstellungsgespräche, überzeugende Präsentationen, erfolgreiche Gehaltsverhandlungen, brillante Geschäfts-Smalltalks und so weiter sammeln, dann haben Sie in jeder kritischen Situation einen Gedächtnisanker, an dem Sie Ihre positive Stimmung festmachen. Für den Fall, dass Zweifel, Enttäuschungen und Niederlagen aufkommen, können Sie so Ihre positive Stimmung leichter selbst wiederherstellen. Je mehr verschiedene, vielleicht auch widersprüchliche Aspekte Ihrer selbst Sie aus dem Episoden- und Wissensspeicher Ihres Gedächtnisses abzurufen in der Lage sind, desto stabiler wird Ihr Selbstbewusstsein.[5]

Suchen Sie also in Ihrem Erinnerungsfundus gezielt nach Geschichten, die Sie erlebt haben. Wann waren Sie ein Held? Wann ein Schurke, ein Eroberer, ein Biest, ein Kämpfer, ein Glückskind? Je mehr Geschichten Sie von sich erzählen können, desto besser können Sie Ihre Stimmungen steuern. Je mehr Sie sich klarmachen, dass Sie bisweilen sowohl die kleine und hilflose als auch immer wieder im besonderen Maße die heldenhaft strahlende Hauptperson Ihrer Lebensgeschichten sind, desto stabiler wird Ihr Selbstbewusstsein.

»Mein Traum? In meinen Gedanken unternahm ich schon immer gerne Reisen durch die ganze Welt, wobei Frankreich stets mein liebstes Ziel war. Das Land, die Leute, ihre wie Musik klingende Sprache und vor allem das Essen ließen mich deswegen auch die meisten meiner Urlaube dort verbringen.

Ansonsten interessierte ich mich für BWL und medizinische Themen. Deshalb habe ich nach meinem Abitur zunächst den Zivildienst in einem Krankenhaus absolviert. Hier konnte ich nicht nur Menschen unmittelbar helfen, sondern auch einen ersten kleinen Einblick in die wirtschaftlichen Abläufe eines Unternehmens erhalten. Während meines Studiums der Betriebswirtschaftslehre habe ich mich auf die ökonomischen Aspekte von Krankenhäusern spezialisiert und in der Controlling-Abteilung eines Krankenhauses ein Praktikum absolviert. Bei einem Frankreichurlaub lernte ich durch Zufall auf einem Weingut den Chef einer internationalen Privatklinik-Kette kennen, der mir half, eine Controlling-Stelle in einer seiner deutschen Privatkliniken zu bekommen. Meinen guten Arbeitsleistungen sowie meinen sicheren Sprachkenntnissen verdanke ich das Angebot, als Europäischer Manager arbeiten zu dürfen. Nach nur fünf Jahren übernahm ich in Paris die betriebswirtschaftliche Verantwortung für die Unternehmensgruppe. In diesem Aufgabenbereich fand ich nicht nur meine berufliche Erfüllung, sondern auch im Ärzteteam unserer Pariser Klinik meine heutige Ehefrau.

Wenn ich meine Geschichte in einem Satz zusammenfassen sollte, so würde ich sagen: Ich interessiere und engagiere mich europaweit für betriebswirtschaftliche Fragen in medizinischen Einrichtungen.«

Nehmen Sie sich und Ihre gesamte Persönlichkeit an

Selbstbewusstsein kann erst dann erfolgreich aufgebaut werden, wenn auch scheinbar negative Aspekte Ihrer Persönlichkeit von Ihnen (an)erkannt und akzeptiert werden. Versuchen Sie, genau auf sich und Ihre Reaktionen zu achten, lernen Sie alle Teile Ihrer Persönlichkeit mit den jeweiligen Bedürfnissen, Empfindlichkeiten und Konflikten kennen – und Sie werden entspannter und gelassener auch mit den schwierigen Situationen des Lebens umgehen können.

Wer beispielsweise in Konfliktsituationen mit patzigen Sprüchen reagiert wie »Dann eben nicht!« oder »Ist mir doch egal!«, handelt wohl eher wie ein Kind oder ein pubertierender Teenager. Stellen Sie sich in so einer Situation die folgende Frage: Wie alt fühle ich mich in diesem Moment, und ist dies das Alter, das ich haben müsste, um dieses Problem zu lösen?[6] Sobald Sie Ihre Teenager-, Trotz- oder Verweigerungsrolle identifiziert haben, sind Sie wieder

Herr der Situation und können vielleicht über sich selbst schmunzeln.

Doch nicht nur unsere Kindheit, sondern auch deren Hauptdarsteller, unsere Eltern (vielleicht auch ältere Geschwister), sind mit ihren Werten und ihrer Persönlichkeit in uns selbst verinnerlicht. Das können kleine Details sein (»Nimm immer einen Pullover mit, sonst erkältest du dich!«) oder auch Einstellungen, die den eigenen Lebensweg behindern (»Hinter jedem erfolgreichen Mann steht eine starke Frau«).

Wenn Sie lernen, in sich selbst hineinzuhorchen und die Stimmen Ihrer Eltern von Ihrer eigenen zu unterscheiden, können Sie ein deutlich selbstbestimmteres Leben führen. Probieren Sie es aus, es lohnt sich!

Machen Sie sich ebenfalls bewusst, welche latenten Selbstbilder, welche eingebildeten Beurteilungen Sie mit sich durch Ihr Leben führen. Ob »Ossi«, »Arbeiterin«, »kleiner Sachbearbeiter«, jemand »aus einfachen Verhältnissen«, »Nur-Hausfrau« und so weiter – lassen Sie sich von diesen Bildern nicht negativ beeinflussen! Stehen Sie zu sich selbst, mit allem, was zu Ihnen gehört, und ziehen Sie Ihren Nutzen daraus. Auch Ihre vermeintlichen Schwächen können so zu Stärken mutieren!

Beschäftigen Sie sich mit Ihren Begabungen, Fähigkeiten und Neigungen

Sie verfügen über eine ganz bestimmte Kombination von Charaktermerkmalen, Talenten und Begabungen, Fähigkeiten und Fertigkeiten, Interessen, Neigungen und Bedürfnissen. Das macht Sie einzigartig.

Gerade im Arbeitsumfeld ist es wichtig zu wissen, was Sie können und wo Ihre Stärken liegen. Nur so werden Sie in Krisenzeiten angemessen flexibel reagieren. Nehmen Sie sich daher die Zeit, über sich selbst und Ihre Wünsche und Möglichkeiten nachzudenken. Vielleicht wollen Sie sich bei der Entdeckung und Entwicklung verborgener Talente sogar helfen lassen. Prima! Letztlich jedoch können nur Sie selbst entscheiden, mit welchen Arbeitsaufgaben, in welcher Verantwortungsposition, in welchem Beruf und welcher Branche, aber auch in welcher Umgebung Sie glücklich werden. Sie in Ihrem Selbstbewusstseins-Entwicklungsprozess aktiv zu unterstützen – mit allen positiven Auswirkungen auf Ihre Jobabsicherung –, darum geht es auch in den noch folgenden neun Geboten. Hier und jetzt konzentrieren wir uns aber insbesondere auf die Stärkung Ihres auf die Arbeitswelt bezogenen Selbstwertgefühls.

Um sich Ihre beruflichen Begabungen und Neigungen deutlich zu machen, beschäftigen Sie sich bitte eingehend mit den folgenden Fragen. Schreiben Sie Ihre Antworten auf. Nehmen Sie sich mindestens fünf Stunden Zeit (für jeden fett gedruckten Bereich wenigstens eine Stunde!). Erarbeiten Sie sich ein klares inneres Bild von sich selbst, das heißt von

▶ **… Ihrer Wesensart**
Was für ein Mensch sind Sie? Welche Persönlichkeitsmerkmale charakterisieren Sie?

▶ **… Ihren Potenzialen**
Über welche beruflich verwertbaren Begabungen und Fertigkeiten verfügen Sie? Worin sehen Sie und andere Ihre stärksten Fähigkeiten und Neigungen?

▶ **… Ihren Wünschen**
Welche Herausforderungen und Arbeitsaufgaben stellen Sie sich reizvoll vor? In welcher Umgebung und in welchem geistigen und emotionalen Klima würden Sie am

liebsten arbeiten? Mit welchen Menschen möchten Sie
bevorzugt zusammenarbeiten? Mit welchen Dingen
wollen Sie sich beschäftigen? Was wäre Ihr Traumjob?

▶ **... Ihrer Leistungsmotivation**
Welche kurz-, mittel- und langfristige Arbeitsmotivation
und welche Ergebnisse sind Ihnen wichtig und warum?

▶ **... Ihren Wertvorstellungen**
Welche Werte sind Ihnen wichtig, worauf kommt es
Ihnen an? Was ist in Ihrem Leben von übergeordneter
Bedeutung?

Kurzum: Es geht um Sie, um Ihre persönlichen Eigenschaften und Charaktermerkmale (Persönlichkeit), Ihr (auch
außerberufliches) Können, Ihre Begabungen und Talente
(Kompetenzen), darum, was Sie bewegt, antreibt, reizt (Motivation), und um Ihre Vorlieben und Neigungen (Interessen).
Die fünf Bereiche **Eigenschaften – Können – Motive – Interessen – Werte** sind die wichtigsten Schlüssel zu Ihrer
beruflichen (vielleicht sogar Neu-)Orientierung, einer ver-
besserten Positionierung, einer Art Neuerschließung Ihrer
Arbeitswelt.
Wenn Sie sich die Mühe machen und diese sowie die folgenden Übungen durcharbeiten, sind Sie am Ende entschieden
selbstbewusster. Und das wird Ihnen helfen, Ihren Job nicht
nur abzusichern, sondern ihn auch noch viel besser zu
machen!

Auf Ihr Bewusstsein kommt es an
Menschen sind aus verschiedenen Gründen unzufrieden
bis unglücklich mit sich und ihrer beruflichen Situation. Sie
fühlen sich klein, haben keinen Mut, trauen sich nichts zu.
Vielleicht hatten sie nicht die Möglichkeit, die Arbeitsauf-

gaben, das berufliche Umfeld zu wählen, bei denen ihre Fähigkeiten und Interessen mit ihrem Berufsziel übereinstimmten; sie haben keine Aufstiegschancen, sind gelangweilt und unproduktiv; sie verdienen zu wenig; sie wollen einen anderen Karriereweg einschlagen; die Vorstellungen und Ziele des Arbeitsplatzanbieters sind nicht mit den eigenen zu vereinbaren; sie klammern sich nur an ihre Beschäftigung, weil sie das Geld zum täglichen Leben brauchen.

Ihr Vorgehen und Verhalten sollte ein anderes sein. Finden Sie heraus, was Sie wirklich wollen, sammeln Sie Ihre Kräfte und konzentrieren Sie sich auf die Strategie, die Sie an Ihr berufliches Ziel bringt. Erfolg kommt selten von allein. Natürlich helfen Glück und Zufälle, doch durch eine sorgfältige, gezielte Vorbereitung können Sie Ihre Erfolgschancen gewaltig verbessern.

2. Schritt: Aktion

Machen Sie sich bewusst, dass jeder in der Lage ist, eigenverantwortlich zu handeln. Mit reiner Reflexion ist es nicht getan – auf die Aktion, auf die Umsetzung kommt es an. »Unsere Handlungen sind eine Art Gymnastik, mit der wir die Selbstachtung fit halten«, erläutern die Psychologen Christophe André und François Lelord.[7] Ein Musiker darf sich auch nicht damit begnügen, auf seine Virtuosität stolz zu sein. Er muss ständig üben und auftreten, sonst verkümmert seine Kunstfertigkeit.

Selbstwertgefühl und selbstwirksamkeitssteigernde (Alltags-)Aktivitäten

Doch was macht Sie selbstbewusster? Wie können Sie Ihr Selbstwertgefühl steigern?

Sie werden erstaunt sein, womit sich dies alles erreichen lässt:

► **Bewegung:** Wenn Sie sich bewusst dazu entschließen, mehrmals wöchentlich einer bewegungsintensiven Sportart nachzugehen, sich also mehr zu bewegen als zuvor (zum Beispiel joggen), hat dies eine positive Auswirkung auf Ihr Selbstwertgefühl.

► Auch eine **Veränderung Ihrer Ess- und Trinkgewohnheiten** wird sich positiv auswirken. Der Mensch ist, was er isst. Soll heißen: Wenn Sie Ihre Nahrungsaufnahme bewusster gestalten, tun Sie viel für Körper und Geist.

► **Hygiene und Kleidung:** Sie fühlen sich in einem drei Tage lang getragenen, bekleckerten und streng nach Schweiß riechenden T-Shirt anders als in einem frisch gewaschenen und gebügelten, sich sympathisch auf der Haut anfühlenden Hemd. Ihre gesamte Körperhygiene (Haare, Fingernägel, Unterwäsche et cetera) hat starken Einfluss auf Ihr Selbstwertgefühl.

► Zufrieden stellende **berufliche Aufgaben,** die Ihnen ein angemessenes Maß an Selbstverwirklichung erlauben und Erfolgserlebnisse bereiten, spielen eine zentrale Rolle bei den selbstwirksamkeitssteigernden Aktivitäten. Gerade im beruflichen Umfeld ist es wichtig zu lernen, mit neuen Herausforderungen umzugehen. Wird Ihnen gesagt, dass Sie ein neues Projekt begleiten, sollten Sie sich freuen – denn Ihnen wird etwas zugetraut. Ähnlich positiv sollten Sie mit sich selbst umgehen.

► Auch eine **sinnvolle Tätigkeit außerhalb Ihrer beruflichen Sphäre,** zum Beispiel Ihr selbst gesteuertes (sprich: selbst gewähltes) Engagement für ein soziales Projekt, kann Ihr Selbstwertgefühl deutlich bereichern.

Schluss mit dem Aufschiebewahn

Kein Wandeln ohne Handeln. Oft ist zwar die Erkenntnis da, aber mit der Umsetzung hapert es – wie bei den meisten guten Vorsätzen zu Silvester. Eigentlich will kaum jemand ernsthaft eine wichtige Angelegenheit aufschieben. Doch es ist ein Teufelskreis – je mehr wir uns persönlich dem Druck aussetzen und uns kaum mehr entspannen, desto stärker wird der »innere Schweinehund« in uns. Je mehr wir diesen mit allen Mitteln bekämpfen, desto bissiger entwickelt er sich. Wir müssen also lernen, mit unserem Schweinehund zu leben und ihn entsprechend zu zähmen.

Doch wie bekommen wir unseren inneren Gegenstreiter in den Griff? Halten Sie sich dazu an diese Schritt-für-Schritt-Strategie:

- ▶ Treffen Sie eine eindeutige Entscheidung.
- ▶ Machen Sie eine klare Zielplanung.
- ▶ Beginnen Sie mit der konkreten Ausführung.
- ▶ Kontrollieren Sie Ihre Zwischenergebnisse.
- ▶ Belohnen Sie sich für Ihren Erfolg.[8]

Wenn Sie diese Empfehlungen beherzigen, werden Sie auch ungeliebte Aufgaben leichter erledigen können.

Lassen Sie Ihrer Kreativität freien Lauf
Jede künstlerische Aktivität wie Malen, Fotografieren oder das Erlernen und Spielen eines Musikinstruments wird sich positiv auf Ihr Selbstwertgefühl auswirken. Auch ein interessantes Hobby, egal ob Modelleisenbahn oder Rosenzucht, wirkt positiv. Das entscheidende Moment bei all diesen Aktivitäten ist – neben der intensiven Hingabe (Stichwort Identifikation) – das Gefühl, etwas Besonderes für sich und Ihre Umwelt zu bewirken, selbstbestimmt etwas tun zu können, von dem Sie überzeugt sind und das Sie und/oder andere erfreut.

Eine weitere selbstbewusstseins- und selbstwertaufbauende

Aktivität ist das Schreiben. Ob es nun Ihr Tagebuch ist, Kurzgeschichten oder Gedichte – schreiben Sie, so viel Sie nur können.

Hier eine praktische Anregung, die Sie beim Auf- und Ausbauen Ihres Selbstbewusstseins kolossal unterstützt:[9]

▶ Stehen Sie morgens eine halbe Stunde eher auf (Wecker stellen!).

▶ Setzen Sie sich sofort hin (also noch vor dem Zähneputzen und dem ersten Kaffee) und schreiben Sie alles auf, was Ihnen in den Sinn kommt.

▶ Es gibt kein vorgegebenes Thema.

▶ Ihre schriftlichen Aufzeichnungen sind nur für Sie bestimmt.

▶ Schreiben Sie Ihren Text von Hand (kein Computer, keine Schreibmaschine).

▶ Sie sollten es nicht noch einmal lesen, bevor Sie es einfach abheften, gut verschließen und dann den Tag weiter gestalten wie gewohnt.

Diese Übung steigert Ihr Selbstbewusstsein, wenn Sie sie jeden Morgen, sieben Tage in der Woche, am besten für cirka drei Monate durchführen. Anfangs wird Ihnen diese Tätigkeit recht ungewohnt vorkommen, nach einigen Tagen werden Sie jedoch feststellen, dass Sie flüssiger in Ihrem Stil und in Ihren Niederschriften geworden sind und Spaß daran gewinnen. Halten Sie durch und Sie werden davon profitieren! Garantiert!

Nutzen Sie positive Selbstinstruktionen
Selbstakzeptanz ist die vielleicht wichtigste Grundlage für Ihr Selbstbewusstsein. Wenn Sie sich selbst annehmen und akzeptieren können, wirken Sie auch selbstsicher nach au-

ßen. Die Annahme der eigenen Person fällt jedoch vielen Menschen sehr schwer; Selbstzweifel und Frustration sind die Folge.

Wie stärken Sie nun Ihre Selbstakzeptanz? Starten Sie mit folgender Übung (machen Sie sich keine Gedanken, wenn sie Ihnen zunächst sehr ungewöhnlich und schwierig vorkommt):

Setzen Sie sich vor den Spiegel und schauen Sie sich an. Machen Sie sich Komplimente wie »Du hast ein interessantes Gesicht« oder »Dein Blick ist klar und wachsam« oder auch »Deine Lippen sind sehr schön«. Üben Sie diese Komplimente, bis es Ihnen leicht fällt, sie Ihrem Spiegelbild entgegenzurufen.

Zweite Stufe: Sie blicken sich in die Augen und sagen: »Du bist ein toller Typ (eine tolle Frau). Ich mag dich. Du bist witzig (intelligent, charmant et cetera) und siehst gut aus. Du kannst was!«

Diese Übung machen Sie ebenfalls mehrmals, bis Ihnen die Sätze leicht über die Lippen gehen.

Dritte Stufe: Sie schauen sich wiederum in die Augen und sagen: »Du, (Ihr Name), bist es wert, einen Partner/Job et cetera zu finden.« Oder: »Du wirst es morgen bei der Präsentation schaffen. Du wirst erfolgreich sein. Dein Publikum wird dich mögen.«

Sie werden bald sehen, wie Sie mit dieser positiven Selbstsuggestion gute Erfolge erzielen. Wichtig dabei ist, dass Sie sich, wann immer Sie sich innerlich kritisieren, sofort selbst stoppen. Statt eines »Ich bin aber auch bescheuert, selber schuld und zu nichts nütze« verwenden Sie lieber versöhnliche Kritik wie »Der Fehler heute war zwar nicht notwendig, aber ich werde nächstes Mal daran denken, das und das zu tun! Und ich werde es schaffen! Ich weiß, ich kann es!«. Ihr Fokus sollte auf Ihren Stärken liegen – was Sie an sich mögen, was Sie gut können, wo Ihr besonderes Talent liegt. Trauen Sie sich (auch beruflich) etwas zu!

3. Schritt: Autonomie

»Auto nomos« ist griechisch und bedeutet etwa: sich sein Gesetz selbst geben. Das Gegenteil davon wäre »Hetero-nomie« – andere das Gesetz machen lassen. Die Kunst des Lebens besteht darin, beides miteinander zu verbinden: sich selbst behaupten und gleichzeitig fähig sein zu Intimität in der Partnerschaft und Verbundenheit in Gruppen.

Sich selbst behaupten

Wer selbstbewusst auftritt und sich traut, seine Meinung zu sagen, zu widersprechen, »Nein« zu sagen oder etwas für sich angemessen zu fordern, stärkt sein Selbstbewusstsein. Wer schüchtern ist und seinen Mund hält, wird sein Selbst-bewusstsein immer mehr verlieren. Der Erste freut sich über ein sich selbst bestätigendes System, der Zweite steckt in einem Teufelskreis.

Widerspruch fordert Widerstand heraus. Niemand ist er-freut, wenn Sie ihm eine Bitte abschlagen oder ihm glasklar darlegen, für wie unsinnig Sie seinen Standpunkt halten. Doch wenn Sie sich selbst behaupten, heißt das nicht, dass Sie in der Achtung Ihres Gegenübers sinken. Im Gegenteil! Entscheiden Sie selbst: Wen finden Sie beeindruckender – jemanden, der immer versucht, es allen recht zu machen? Oder jemanden, der seinen eigenen Weg geht, auch gegen Widerstände?

Es gibt etliche Übungen[10], mit denen Sie Ihre Fähigkeit zur Selbstbehauptung testen und verbessern können:

Proben Sie das Neinsagen. Wenn Sie etwas nicht möchten, brauchen Sie Ihr Gegenüber nicht vor den Kopf zu stoßen.

Viel leichter geht es, wenn Sie das »Nein« zur Sache mit einem »Ja« zur Person verbinden. Etwa so: »Ich freue mich sehr über Ihre Einladung, habe jedoch leider keine Zeit zu kommen.« Oder: »Ich finde es sehr nett, dass Sie mir diese Aufgabe zutrauen. Dennoch, ich möchte sie zu diesem Zeitpunkt nicht übernehmen, da ich im Augenblick schon an zwei wichtigen Projekten arbeite und ich Ihrer Aufgabe dann nicht genügend Zeit widmen könnte.«

Lernen Sie, Respekt einzufordern. Sie sind es wert, gut behandelt zu werden. Dementsprechend sollten Sie niemandem erlauben, Ihnen respektlos gegenüberzutreten. Mangelnder Respekt ist ein abwertendes Signal für Ihr Selbstwertgefühl. Fordern Sie von Ihren Mitmenschen ein, dass sie Sie entsprechend behandeln. Probieren Sie es aus, in einer entsprechenden Situation den Satz messerscharf auszusprechen: »Ich finde Ihr Verhalten/Ihre Bemerkung respektlos!« Drehen Sie sich um und verlassen Sie die Szene. Sie werden erstaunt sein über die Wirkung – bei sich selbst wie bei anderen.

Üben Sie, den eigenen Standpunkt zu vertreten. Sie haben den Entschluss gefasst, etwas zu tun oder zu lassen. Gut! Belassen Sie es dabei. Sie müssen niemandem erklären, warum Sie sich so entschieden haben. Denn sobald Sie Ihre Entscheidung begründen, wird Ihr Gegenüber versuchen, Ihnen diese Gründe auszureden.

Mit anderen leben. Der Mensch ist ohne die Gemeinschaft nicht denkbar, umgekehrt ist die Gemeinschaft ohne den Einzelnen nicht möglich. Beides bedingt einander. Wenn wir zeigen, dass wir auf andere eingehen können, werden andere auch eher bereit sein, auf uns einzugehen.

Hier ein paar wichtige Anregungen, auf die wir im Rahmen der nächsten neun Gebote auch noch ausführlicher eingehen werden und die Ihren sozialen Rückhalt stärken:

Zögern Sie nicht, um Unterstützung zu bitten. Fällt es Ihnen schwer, andere um einen Gefallen zu bitten? Dann drehen Sie die Perspektive doch einmal um. Wie fühlen Sie sich, wenn jemand Sie um Unterstützung bittet? Je nachdem, wer Sie fragt und um was es geht, werden Sie von Herzen gerne helfen. Warum sollte es Ihrem Gegenüber anders gehen? Nehmen Sie allerdings in Kauf, dass Ihnen nicht sofort geholfen werden kann oder nicht exakt so, wie Sie sich das vorgestellt haben. Und: Ruhen Sie sich nicht auf der Hilfe der anderen aus, werden Sie auch selbst aktiv.

Aktivieren und pflegen Sie Ihr soziales Beziehungsnetz. Rufen Sie Familie, Freunde und Bekannte regelmäßig an, treffen Sie sich, tauschen Sie sich aus, teilen Sie schöne Erlebnisse miteinander. Das stärkt das soziale Gefüge, in dem Sie sich bewegen – und damit auch Ihr Selbstbewusstsein. Wenn Sie Ihr Beziehungsnetz nur dann aktivieren, wenn Sie etwas benötigen oder mal wieder so richtig jammern wollen, stoßen Sie bald auf Ablehnung.

Trainieren Sie Ihre kommunikativen Fähigkeiten. Auch die direkte Kommunikation mit anderen, der sprachliche Austausch, wirkt positiv auf Ihr Selbstbewusstsein. Besonders wirksam ist dabei die freie Rede vor einem Publikum. Besuchen Sie einen Rhetorikkurs und nutzen Sie jede Gelegenheit, Ihre Fähigkeiten im Vortragen zu festigen, sei es von Geschichten, Reden oder Präsentationen.

Erweitern Sie Ihr soziales Wirkungsfeld. Sie sollten jede
Möglichkeit nutzen, Ihr Übungsterrain zu vergrößern, zum
Beispiel durch eine aktive Mitgliedschaft in Vereinigungen,
sozialen Gruppen, Interessengemeinschaften oder auch
durch die Teilnahme an VHS-Kursen oder Weiterbildungs-
maßnahmen.

Ausblick

Im Zeitalter der Globalisierung und der voranschreitenden
Entfremdung besonders im Berufsleben können Sie nur
noch von wenigen Arbeitgebern oder Vorgesetzten direktes
Lob und Wertschätzung erwarten. Machen Sie sich davon
weitestgehend unabhängig. Gerade in größeren Unternehmen werden Sie auf diese Art von Belohnungen vermutlich
komplett verzichten müssen.

Umso wichtiger ist es, dass Sie eine Arbeit haben (oder sich
zukünftig suchen), die Ihre Selbstachtung und Ihr Selbst-
wertgefühl durch inhaltliche Erfolge stärkt. Überlegen Sie
also, welche Art von Arbeit Ihnen durch das bloße Tun
Spaß machen und Befriedigung geben würde. Können Sie
Ihren Arbeitsbereich um genau diese Aspekte ausbauen?
Oder macht Ihnen Ihre Arbeit bereits Spaß, lediglich die
Umstände beeinträchtigen oder behindern Sie? Ein guter
Weg, dies herauszufinden, ist die intensive Analyse Ihrer
beruflichen Potenziale und Ihrer Ausgangssituation.

In jedem der noch folgenden neun Gebote stellen wir Ihnen
die wichtigsten Erfolgswerkzeuge für die Sicherung Ihrer
beruflichen Situation vor, erklären sie und vertiefen sie immer weiter. Dabei folgen wir weitgehend der Dreiteilung von

▶ Reflexion (Überdenken),
▶ Aktion (Handlungsorientierung) und
▶ Autonomie (Selbstbehauptung).

Ausgangspunkt aber bleibt das richtige Maß an Vertrauen, Zutrauen, Sich-Trauen, kurzum: Ihr Selbstbewusstsein und Selbstvertrauen, Ihr Glaube an Ihre Selbstwirksamkeit, umgangssprachlich auch immer wieder als Selbstbewusstsein bezeichnet. Das ist die Grundlage aller jobsichernden Aktivitäten.

Die Geschichte von Herrn Kollar

An dieser Stelle möchten wir Ihnen den Autoverkäufer Oskar Kollar vorstellen. Er wird Sie durch alle Kapitel begleiten und Ihnen immer wieder einen kleinen Einblick in seine berufliche Problemwelt geben. Am Ende des jeweiligen Kapitels zeigt er Ihnen, wie er die soeben präsentierten Inhalte für sich selbst ganz praktisch umzusetzen versucht – mal mit mehr, mal mit weniger Erfolg!

Herr Kollar ist 48 Jahre alt und zum zweiten Mal verheiratet. Aus erster Ehe hat er Unterhaltspflichten für seine Ex-Frau und ein behindertes Kind. Er arbeitet seit fast zehn Jahren als Verkäufer für ein großes Autohaus (150 Mitarbeiter). Seine Frau geht nicht arbeiten, die zwei fast erwachsenen Kinder stehen kurz vor dem Auszug aus dem elterlichen kleinen Einfamilien-Reihenhäuschen. Beide wollen nach dem Abitur beziehungsweise nach der absolvierten Banklehre studieren, was für die Eltern eine weitere finanzielle Belastung darstellen wird.

Herr Kollar hat beruflich bereits einige Wechsel mitgemacht. Nach dem Realschulabschluss machte er zunächst eine Ausbildung zum Industriekaufmann. Im Anschluss arbeitete er mehrere Jahre bei einem Druckmaschinenhersteller in der Einkaufsabteilung und wechselte dann wegen Betriebsinsolvenz zu einem Reifenhersteller in die Buchhaltung.

Mehr als Freizeitbeschäftigung denn als Nebenjob fing er an, Autos zu verkaufen. Da dies sehr gut lief, wurde ihm eine feste Position als Autoverkäufer angeboten. Gelockt durch ein höheres Grundgehalt und eine interessante verkaufserfolgsabhängige Prämie, fing er bei einem großen Autohaus in seiner Heimatstadt an. Seine angenehme Art im Umgang mit Kunden ließ Herrn Kollar dann auch in wirtschaftlich guten Zeiten einträgliche Verkaufsprovisionen und damit ein recht hohes Einkommen erzielen. So brauchte seine zweite Ehefrau nach der Geburt der Kinder nicht mehr als Verkäuferin in der Fleischabteilung eines Discounters zu arbeiten.

Nun werden die Zeiten allgemein und besonders auch für sein Autohaus immer härter. Die Kunden schauen deutlich mehr aufs Geld. Die Konkurrenz macht Druck. Zu allem Übel wechselte auch noch sein langjähriger Vorgesetzter, mit dem er sich immer bestens verstand, in ein anderes Unternehmen.

Der daraufhin eingestellte neue Vorgesetzte, Herr Ehlers (38), ist ein richtiger »Macher«. Er hat Ehrgeiz, will sich beweisen, »den Laden aufräumen«, wie er gleich zu Beginn ankündigte, um die Vertriebszahlen wieder nach oben zu bringen. Kritisch beobachtet der Neue seine Verkäufer. Herrn Kollar wirft er alsbald vor, nicht als echter Vollblut-Autoverkäufer zu agieren. Kollar solle die Kunden aktiver ansprechen und härter in der Abschlussphase sein, so die Einschätzung Ehlers'. Der neue Vorgesetzte mustert Herrn Kollar zunehmend kritischer und greift zweimal sogar aktiv in Verkaufsgespräche ein, die sein Mitarbeiter gerade führt.

Herr Kollar fühlt sich nicht mehr wohl bei der Arbeit. Er wird unsicher, sein Selbstbewusstsein sinkt. Auch als Folge davon fallen seine Verkaufsumsätze, woraufhin sein Chef ihn noch stärker kritisiert. Eine negative Spirale entsteht. Da sein Gehalt deutlich an seine Umsätze gekoppelt ist, kommt es für ihn zu schmerzlichen Verdiensteinbußen. Seine Ehefrau muss sich wieder einen Job als Verkäuferin suchen, damit die Familie über die Runden kommt. Auch dies führt zu Spannungen zwischen den Eheleuten. Herr Kollar kämpft mit Schlafstörungen. Immer häufiger wacht er gegen 2 Uhr nachts auf und kann erst ein oder zwei Stunden später wieder einschlafen. Morgens fühlt er sich dann oft wie gerädert.

Um seinen Kopf mal wieder klar zu bekommen, fängt Herr Kollar an zu joggen. Schnell merkt er, wie gut ihm die Bewegung tut. Aber auch wenn er sich körperlich jetzt etwas besser fühlt, sein Problem bleibt bestehen – Herr Ehlers, der neue Vorgesetzte, schikaniert ihn regelrecht und seine Umsätze bleiben niedrig. Zwei Verkaufsverträge im Monat sind wirklich nicht üppig. Doch was soll er tun? Seit dem Vorgesetztenwechsel sind sechs Monate vergangen, und die Situation am Arbeitsplatz spitzt sich zu.

Herr Kollar trifft sich mit einem guten Freund, von dem er weiß, dass er Ähnliches durchgemacht hat. Nach diesem für ihn sehr intensiven und aufrüttelnden Gespräch fasst er endlich einen Entschluss: Er will aktiv werden und die Flucht nach vorn wagen. Herr Kollar schreibt auf, was ihn alles bewegt. Er liest sich seine ehemaligen Zeugnisse durch und macht sich Notizen über seine bisherigen beruflichen Erfolge. Er weiß, dass es aufgrund seines Alters schwierig sein wird, den Betrieb zu wechseln. Daher möchte er versuchen, das Verhältnis zu seinem neuen Vorgesetzten zu verbessern.

Zunächst will er sich umfangreich informieren, wie er mit seinem neuen Chef am besten sprechen kann. Ein guter Zeitpunkt wäre in zwei Wochen, dann ist Herr Ehlers hoffentlich entspannt wieder aus dem Urlaub zurück. Herr Kollar besorgt sich umfangreiche Literatur zu den Themen »Konfliktmanagement« und »Besser verkaufen«. Er kontaktiert auch seinen ehemaligen Chef und andere seiner berufstätigen Freunde, um diese um Unterstützung zu bitten. Sie führen lange Gespräche und beraten ihn, wie er strategisch am besten vorgehen sollte.

Zu Hause probiert er im Rollenspiel mit seinen Kindern immer wieder neue Verkaufsmethoden und eine etwas zielorientiertere Gesprächsführung aus. Er liegt gut im Zeitplan und fühlt sich für seine kommende Aussprache einigermaßen vorbereitet. Noch spürt er eine deutliche Unsicherheit, aber seine Freunde und auch die Familie unterstützen ihn bei seinem Gesprächsvorhaben. Immer wieder wird er ermutigt, und selbst seine Frau ist verständnisvoller, seit sie sieht, wie sehr er sich anstrengt.

Herr Kollar hat die Schritt-für-Schritt-Strategie angewandt (vgl. Seite 30):

1. Er hat eine eindeutige Entscheidung getroffen: Er will das Verhältnis zu seinem Chef verbessern.
2. Er hat eine klare Zielplanung aufgestellt: Das Gespräch mit seinem Vorgesetzten will er in zwei Wochen führen.
3. Er beginnt mit der konkreten Ausführung: Er bereitet sich durch theoretisches Literaturstudium vor, übt die gelernten Methoden mit seinen Kindern und führt Gespräche mit berufstätigen Freunden, die ihn umfassend beraten.
4. Er kontrolliert die Zwischenergebnisse: Er hat die beiden Bücher gelesen, die Methoden geübt.
5. Den fünften Schritt, die Belohnung für den Erfolg, wird er sich jedoch erst nach dem Gespräch mit dem Vorgesetzten gönnen.

Am Ende jedes Kapitels lesen Sie, wie die Geschichte von Herrn Kollar weitergeht.

Wie fruchtbar ist der kleinste Kreis, wenn man ihn
wohl zu pflegen weiß.
Johann Wolfgang von Goethe

2. GEBOT: MOBILISIEREN SIE SYMPATHIEN FÜR SICH!

Was hat Sympathiemobilisierung damit zu tun, ob Sie Ihren Job behalten, Ihre berufliche Position festigen, erfolgreich sind oder vielleicht sogar befördert werden? Auf den ersten Blick wenig, wenn Sie aber genauer hinschauen, sind besonders die Menschen erfolgreich – sowohl im Beruf als auch im Privatleben –, die andere für sich gewinnen können, also Menschen so motivieren, dass sie den eigenen Wünschen entsprechend agieren. Lernen Sie zu zaubern, zu be- und verzaubern, und Sie werden Ihre Ziele einfacher und schneller erreichen.

Nach Experteneinschätzung werden über 90 Prozent aller gescheiterten Beschäftigungsverhältnisse nicht aufgrund von fachlichen Defiziten, sondern wegen Unstimmigkeiten im zwischenmenschlichen Bereich beendet! Da spielen die verloren gegangene Sympathie wie auch die misslungene Kommunikation die wohl alles entscheidende Rolle.

Stichworte: Nicht jemanden besiegen – sondern ihn gewinnen

Thomas Taborer arbeitet in der Marketingabteilung eines Software-herstellers. Die letzten 14 Tage hat er mit rauchendem Kopf an der 30-seitigen Broschüre zu einem neuen Produkt gesessen, teilweise bis spät in die Nacht. Der Auftrag kam aus der Entwicklungsabteilung. Der Kollege Lämmer bat ihn inständig, sich etwas besonders Gutes einfallen zu lassen, und deutete an, dass mit diesem Projekt sein nächster Schritt auf der Karrierestufe verbunden sei, weshalb der bestellte Text ebenso wichtig wie dringend für ihn sei.

Mit gemischten Gefühlen – schließlich hatte er andere wichtige Aufgaben auf seinem Schreibtisch – versprach Thomas Taborer schließlich dem Kollegen Lämmer, sein Bestes zu versuchen. Auch abends beim Einschlafen und morgens unter der Dusche ließ ihm das Projekt keine Ruhe. Heute endlich, am Freitagnachmittag, hat er das Werk per E-Mail an Lämmer geschickt. Nun ist er stolz und auch erleichtert, unter außerordentlichem Einsatz einen überzeugenden Text zustande gebracht zu haben. In der nächsten Woche wollen sie sich zusammensetzen und über mögliche Veränderungen am Text sprechen. Voraussetzung für dieses Meeting ist, dass Lämmer den Text vorher kennt. Gespannt wartet Thomas Taborer auf Lämmers erste Reaktion, die dann auch eine Stunde später, ebenfalls per Mail, eintrifft:

Hallo Herr Taborer,
ich bin mit Ihrem Text nicht so ganz zufrieden. Auf Seite 8 muss es nicht »verbogen«, sondern »verborgen« heißen. Auf Seite 10 fehlt in Zeile 13 hinter »neues Produkt« ein Komma. Soweit erst einmal, wir sprechen ja sowieso in der nächsten Woche miteinander ...
Gruß, Kurt Lämmer

Was können Sie aus der Geschichte lernen? Natürlich hat Thomas Taborers Kollege Anspruch auf einen fehlerfreien Text. Doch wenn seine erste Reaktion nur aus Kritik besteht, sorgt er dafür, dass sein Kollege übel gelaunt ins Wochenende geht. Er wird ziemlich sicher eine gewisse Abneigung gegen Herrn Lämmer entwickeln und im weiteren Verlauf des Projekts nur widerwillig kooperieren.

Dabei wäre es einfach gewesen, Thomas Taborer mit wenigen Worten in guter Stimmung ins Wochenende zu schicken. Ein kurzes Dankeschön ist eine simple und effektive Form der Motivation. Und wenn es um die Würdigung von 14 Tagen harter Arbeit geht, ist der Griff zum Telefon passender als eine unpersönliche E-Mail. Lämmers Reaktion nach Erhalt des Textes könnte am Telefon wie folgt verlaufen:

»Guten Tag Herr Taborer, hier spricht Kurt Lämmer von der Entwicklungsabteilung. Ich freue mich sehr, dass ich Sie noch persönlich erreiche. Ich möchte mich gerne bei Ihnen bedanken. Ich habe gerade die Datei mit Ihrem Textentwurf für unsere neue Broschüre erhalten. Mein erster Eindruck ist in jedem Fall positiv. Es ist mir durchaus bewusst, wie viel Arbeit und persönliches Engagement Sie in dieses Projekt gesteckt haben. Ich freue mich auch schon sehr, wenn wir bei unserem Treffen nächsten Dienstag um 15 Uhr intensiv über den Text sprechen werden. Aber jetzt wünsche ich Ihnen zunächst ein entspanntes Wochenende, das Sie sich nach Ihrem Einsatz in den letzten Tagen wirklich verdient haben. Noch einmal ganz herzlichen Dank für Ihre Mühe, alles Weitere können wir dann ja am Montag besprechen.«

Durch geschickt eingesetztes Lob könnte der Kollege ohne großen Aufwand erreichen, dass Thomas Taborer gut gelaunt und weiterhin bestens motiviert an die gewünschten Änderungen des Textes herangeht. Mit seiner kurzen, kritisierenden E-Mail sorgt aber Lämmer – gewollt oder ungewollt – für genau das Gegenteil.

Sein Ärger über Flüchtigkeitsfehler im Text ist zwar verständlich, als erste Reaktion jedoch ausgesprochen ungeschickt, weil er auf diese Weise die Stimmung und die Motivation für die weitere Zusammenarbeit vergiftet. In den Augen Taborers ist Lämmer dadurch ab sofort der Nörgler, der sich an Kleinigkeiten aufhängt und weder sein Engagement noch seine Kreativität zu würdigen weiß. Das hat sehr wahrscheinlich den Totalverlust aller Sympathien zur Folge. Warum sollte sich Thomas Taborer jetzt noch weiter für das Textprojekt anstrengen?

So wie der Kollege Lämmer verhalten sich viele Mitarbeiter und häufig genug auch Vorgesetzte. Dabei kann unter Einsatz recht weniger, geradezu einfachster Mittel eine Zusammenarbeit sehr viel harmonischer, sehr viel produktiver verlaufen.

Es klingt zugegeben paradox: Wenn wir mit Verhaltensweisen oder Leistungen anderer nicht zufrieden sind, müssen wir sie loben. Wer Kritikpunkte als »Anregungen« verkauft, wird mehr Erfolg haben als der, der seinen Mitarbeiter wegen Kleinigkeiten kritisiert und andere Leistungen nicht sieht. Mit Lob erreichen wir, dass unsere Mitmenschen unsere Änderungswünsche ohne Groll umsetzen und im Idealfall sogar als hilfreich empfinden.

> Es ist erstaunlich, wie leicht sich Erfolge erzielen lassen, wenn man die Gesetze der Beeinflussung beherrscht! So betrachtet geht es hier (auch wenn es etwas befremdlich klingen mag) ums Zaubern-Lernen.

Jeder von uns beurteilt Dinge und Situationen nach eigenen Kriterien. Dabei sind wir allerdings nie frei von Außeneinflüssen. Versuchen Sie einmal, einen Tag lang Buch zu führen über die mannigfaltigen Beeinflussungsversuche, denen Sie ausgesetzt sind. Familienangehörige und Kollegen bitten Sie, das eine oder andere für sie zu erledigen. Ihr Vorgesetzter verlangt von Ihnen, einen Vorgang zu bearbeiten. Ein

Kollege bittet Sie um einen Gefallen. Verkäufer fordern Sie zum Kauf bestimmter Produkte auf. Verkehrsampeln bestimmen, wann Sie anhalten müssen oder fahren dürfen. Die Medien sagen Ihnen, wie Ereignisse zu bewerten sind, und liefern Ihnen eingängige Sprüche, die Sie nur noch zu wiederholen brauchen. Melodien gehen Ihnen nicht mehr aus dem Kopf. Ob es Ihnen gefällt oder nicht, Ihre Einstellungen werden fortlaufend verändert und Ihre Grundsätze auf die Probe gestellt.

Wenn Sie sämtliche Beeinflussungsversuche eines Tages addieren, kommen Sie leicht auf über 5.000 Impulse. Untersuchungen haben gezeigt, dass allein die Werbung rund 3.000 »Angriffe« pro Tag auf unsere Psyche startet.

Die Gesellschaft beeinflusst, überzeugt, bittet, fordert, beschwatzt, ermahnt, verleitet und manipuliert uns, ohne dass wir diesen Angriffen Entscheidendes entgegensetzen können.

Zur Entstehung von Sympathie

Herzen öffnen, Menschen gewinnen! Egal ob es ums Beeinflussen oder Überzeugen geht – beides wird Ihnen umso besser gelingen, je sympathischer Ihr Gegenüber Sie findet. Sympathie ist die Basis von Vertrauen, und wenn Ihnen jemand erst einmal vertraut, dann traut er Ihnen auch gewisse Kompetenzen zu, ist bereit, an Ihre Fähigkeiten zu glauben, Ihnen eine Chance zu geben. Wie wichtig das gerade in der Arbeitswelt ist, steht außer Frage.

Daher möchten wir Ihnen kurz darstellen, wie Sympathie entsteht und was Sie aktiv dafür tun können, sympathisch auf andere zu wirken. Der so genannte erste Eindruck entscheidet bei zwei Gesprächspartnern innerhalb von wenigen

Sekunden über Sympathie oder Antipathie. Unzählige Berufsgruppen wie Verkäufer oder Moderatoren arbeiten professionell an und mit ihrem eigenen Sympathiemobilisierungs-Potenzial. Das können Sie auch!

Die folgende Übersicht verdeutlicht Ihnen auf einen Blick, was Sympathie hervorruft oder verhindert:

Sympathie wird eher mobilisiert durch ...	Antipathie wird eher mobilisiert durch ...
Anpassung	mangelnde Anpassung
Charisma	fehlendes Charisma
Freundlichkeit	Unfreundlichkeit
Höflichkeit	Unhöflichkeit
Gelassenheit	Nervosität
Ruhe	Unruhe
Selbstsicherheit	Unsicherheit
Geduld	Ungeduld
Toleranz	Intoleranz
Gleichberechtigung	Streben nach Dominanz/Macht
Gewährenlassen (Freiheit)	Beherrschenwollen (Unfreiheit)
Attraktivität	abstoßendes Äußeres
Gewandtheit	Unsicherheit
Entspanntheit	Angespanntsein
gleiche/ähnliche Interessen/Hobbys	stark unterschiedliche Interessen/Hobbys

Psychologische Studien haben bewiesen, dass im ersten Moment der Begegnung zu etwa 60 Prozent der äußere Eindruck, zu 30 Prozent der Klang der Stimme und nur zu 10 Prozent der Inhalt des Gesagten zählt. Dies ist vor allem evolutionstechnisch sowie sozialpsychologisch begründet. Menschen versuchen vom Äußeren einer anderen Person auf ihre inneren Werte zu schließen. Hierbei werden attraktiven Menschen immer bessere und höhere Kompetenzen und Fähigkeiten zugesprochen als unattraktiven.

Zu Sympathiegefühlen bei Ihrem Gegenüber kommt es immer dann, wenn Sie bei ihm den (ersten) Eindruck und die Hoffnung erwecken, dass Sie einen Beitrag zu seiner Bedürfnisbefriedigung (zum Beispiel nach Aufmerksamkeit, Zuwendung, Erfolg, Macht) leisten können. Sympathie fördernd ist ferner, wenn sich Ihr Gegenüber dabei mit Ihnen identifizieren kann, wenn er also in Ihnen etwas entdeckt, was ihm selbst bekannt ist. Neben den reinen Äußerlichkeiten werden insbesondere biografische Gemeinsamkeiten zum Sympathiecheck herangezogen (zum Beispiel bezüglich früherer Wohnorte, Ausbildung, gemeinsame Bekannte, Freunde, Hobbys, Interessen, Engagements). Es geht um die Entdeckung gemeinsamer Wertewelten.
Betonen Sie also Gemeinsamkeiten und widmen Sie sich entspannt Ihrem Gegenüber. Die folgende Geschichte verdeutlicht, was gemeint ist:

Alle Köpfe drehen sich zu Ellen Meinert um, als sie zusammen mit ihrem Kollegen Ulrich Stietz das Großraumbüro betritt. Heute ist ihr erster Arbeitstag in der neuen Firma, einem Pharmaunternehmen, und sie ist verständlicherweise ein bisschen nervös.
Sorgfältiger als sonst hat sich Ellen heute Morgen zurechtgemacht, ihre Garderobe mit Bedacht gewählt. Ein schicker Hosenanzug in Anthrazitgrau, nicht zu modisch, aber auch nicht zu konservativ. Als Accessoires, die ihre Unkonventionalität unterstreichen sollen, trägt sie spitze rote Schuhe und eine auffallende Kette, die hinter der weißen Bluse hervorblitzt. Ellen hat ihre Haare vor kurzem schneiden lassen. Und sie trägt ein gewinnendes Lächeln auf dem Gesicht.

Sie wirkt sympathisch und nett. Ihr Händedruck ist fest und sicher. Sie macht einen selbstsicheren, aber nicht überheblichen Eindruck, natürlich und kompetent. Ellen kennt die Bedeutung des ersten Eindrucks und weiß, dass es schwer ist, einen negativen ersten Auftritt später wieder wettzumachen. In der Vergangenheit hat sie die einschlägige Fachliteratur studiert und auch früher bei Kollegen deren Fehler beziehungsweise deren perfektes Auftreten beobachtet.

»Wo haben Sie bisher gearbeitet?«, fragt sie einer ihrer neuen Kollegen.

»Bei der Firma Meyer und Co.«, antwortet sie mit einem Lächeln. »Ich war dort als Assistentin im mittleren Management tätig.«

»Und warum sind Sie von dort weggegangen?«, lautet die nächste Frage.

»Ich suchte nach einer neuen Herausforderung, die ich hier zu finden hoffe«, gibt sie mit fester Stimme zur Antwort. Elegant umschifft sie die Klippe, Negatives über ihren Ex-Arbeitgeber zu sagen, »aus dem Nähkästchen zu plaudern«. Denn eigentlich hatte ihre Kündigung damit zu tun, dass sie mit ihrem letzten Chef immer wieder in Konflikte geraten war. Um weiteren Fragen auszuweichen, ergreift sie die Initiative. Sie zeigt Interesse, indem sie lächelnd fragt: »Und wie lange sind Sie hier im Unternehmen?« Ein kurzes, aber sehr nettes Gespräch entsteht. Der neue Kollege bietet ihr an, jederzeit zu ihm zu kommen, wenn sie Fragen hat.

Gerade in Situationen, in denen Sie auf neue Menschen treffen, ist es besonders wichtig, dass Sie den von Ihnen gewünschten Eindruck hinterlassen. Dieser erste Eindruck ist vor allem von Ihrem Auftreten geprägt. *Was* Sie sagen ist weniger entscheidend als das *Wie*. Wichtig ist, dass Sie positive Energie und Optimismus ausstrahlen.

Sie bekommen keine zweite Chance, einen ersten Eindruck zu hinterlassen.

Sympathie mobilisierende Faktoren

Sympathie- oder Antipathiegefühle werden stark durch unser Auftreten hervorgerufen. Hierbei spielt insbesondere unsere Körpersprache, natürlich aber auch unser Aussehen eine große Rolle und erst nachrangig das, was wir sagen.

Sie können mit Ihrer **Körperhaltung** jemanden abweisen oder willkommen heißen. Wer sich unwohl fühlt, verschränkt häufig die Arme vor der Brust und baut damit eine Barriere auf, die kaum jemand durchbrechen möchte. Auch wer die Hände in den Hosentaschen vergräbt oder nervös mit dem Feuerzeug spielt, wirkt wenig einladend.

Wenn Sie hingegen Ihre Arme locker an der Seite hängen lassen und die Beine etwas auseinander stellen, steigert das die Bereitschaft der anderen Menschen, Sie anzusprechen.

Ein angenehmes **Lächeln** wirkt als weiterer Pluspunkt bei der Sympathiegewinnung. Dabei sollten Sie nicht dauerhaft grinsen, sondern gezielt und im entscheidenden Moment lächeln: Schauen Sie Ihr Gegenüber zunächst für eine Sekunde an, bevor Sie lächeln. Auf diese Weise vermitteln Sie Ihren Mitmenschen das Gefühl, sie seien etwas Besonderes.

Mit intensivem **Blickkontakt** können Sie starke Sympathiegefühle erzeugen. Besonders wenn Sie Menschen gerade erst kennen lernen, ist der Blickkontakt entscheidend. Wenn Sie Ihr Gegenüber während des Gesprächs anschauen, zeigen Sie ihm, dass es in diesem Moment für Sie nichts und niemand Wichtigeres gibt. Und genau diesen Eindruck müssen Sie erwecken, wenn Sie überzeugen wollen.

Immer wieder kommt es vor, dass Gesprächspartner den Blick durch den Raum schweifen lassen, während sie sich unterhalten. Deutlicher kann man »Sie langweilen mich« nicht sagen! Wenn Sie Ihrem Gegenüber Interesse an seiner Person und seinen Aktivitäten signalisieren wollen, spielen die Augen dabei eine große Rolle.

Es ist allerdings nicht immer Desinteresse oder Abneigung, wenn kein Blickkontakt zustande kommt. Manchmal trifft genau das Gegenteil zu: Wenn uns andere besonders beeindrucken oder wir sie für besonders wichtig, erfolgreich oder attraktiv halten, zögern wir häufig, ihnen direkt in die Augen zu schauen.

Wollen Sie Ihrem Gegenüber durch Blickkontakt Interesse und Sympathie signalisieren, verdrängen Sie negative Gedanken wie Misstrauen, Nervosität oder Schüchternheit. Am besten konzentrieren Sie sich auf das attraktivste Merkmal im Gesicht Ihres Gegenübers. Vielleicht hat die Dame leuchtend blaue Augen oder benutzt eine schöne Lippenstiftfarbe, vielleicht hat Ihr männliches Gegenüber eine interessante Stirn oder eindrucksvolle Augenbrauen …

Als Zeichen für Ihre außergewöhnliche Aufmerksamkeit sollten Sie die Augen auf Ihr Gegenüber gerichtet lassen – ohne es anzustarren. Achten Sie im Gespräch und auch in Redepausen auf einen freundlichen und entspannten Blick. Wenn Sie doch einmal wegschauen, weil Sie zum Beispiel von einem Geräusch in der Umgebung irritiert werden, sollte dies sehr langsam und zögerlich geschehen. Erwecken Sie den Eindruck, dass Sie Ihren Blick nur ungern abwenden.

Ferner wichtig für den ersten Kontakt: **Haltung** bewahren! Aufrecht und mit geraden Schultern wirken Sie wesentlich selbstbewusster und positiver als mit hängendem Kopf und krummem Rücken.

Bei einem **Händedruck** sollten Sie darauf achten, dass er kräftig ist (ohne zu übertreiben), da Sie so Aufrichtigkeit und Sicherheit vermitteln.

Ihre **Sitzhaltung** wirkt entspannt, wenn Sie die Beine nebeneinander stellen und sich bequem zurücklehnen. Durch das Übereinanderschlagen Ihrer Beine in Richtung zum Gesprächspartner wird ein Sympathiefeld aufgebaut.

Auch die **Stimme** ist ein wichtiges Sympathiekriterium: Vergleichen Sie einmal das Vorgehen eines Anrufers, den Sie schon nach ein paar Sekunden abwürgen, mit dem Verhalten desjenigen, mit dem sich bereits nach einem kurzen Augenblick eine positive Verbindung aufbaut – egal um welches Thema es geht. Schon in den Formulierungen und in der Strategie wird es Unterschiede geben. Bedeutsamer als die Wortwahl ist dabei die Ausstrahlung der Stimme. Wissenschaftliche Studien[11] belegen: Viel wichtiger als das, was gesagt wird, ist, wie es gesagt wird. Manchen Callcenter-Agenten hört man es an, dass sie ihren Job nur widerwillig erledigen. Man spürt, sie rechnen nicht damit, dass man sich zwei Minuten Zeit für sie nehmen wird.

> Mobilisieren Sie die Sympathie Ihres Gegenübers, indem Sie Ihren Gesprächspartner gelegentlich namentlich anreden.

Der Zusammenhang zwischen **Sprechgeschwindigkeit** und Überzeugungskraft ist komplex. Abhängig von der Situation kann schnelles Sprechen überzeugend oder ablenkend wirken. Wenn Sie schnell sprechen, behindert dies das kritische Durchleuchten Ihrer Argumente durch das Publikum. Sind Ihre Thesen schwach, ist dies durchaus ein wünschenswerter Effekt; sehr überzeugende Ideen bekommen beim Schnellsprechen allerdings nicht das notwendige Gewicht.

Folglich passen Sie als erfolgreicher Redner Ihre Sprechgeschwindigkeit an die Inhalte an: Bringen Sie starke Argumente, sprechen Sie langsamer, um dem Publikum die Chance zu geben, Ihre Gedankengänge nachzuvollziehen. Schwächere Passagen fallen weniger ins Gewicht, wenn Sie sie etwas zügiger vortragen.

Mit Worten gewinnen

Es gibt im Grunde keine überzeugenderen und einfacheren Instrumente der Beeinflussung und Begeisterung als **Komplimente**. Jeder Mensch hört es gern, dass er intelligent, erfolgreich, einzigartig, charmant und attraktiv ist, gute Arbeit geleistet hat, einen fantastischen Geschmack besitzt, das schönste Auto fährt, in einem beeindruckenden Haus wohnt, die spannendsten Reisen unternimmt und mit dem bestaussehenden Partner verheiratet ist. Wenn Sie Komplimente in Gespräche einfließen lassen, wird Ihr Gegenüber Sie dafür schätzen.[12]

Wirkungsvolle Komplimente sind unter anderem:

- »Seit Sie diese Entscheidung getroffen haben, wirken Sie wesentlich entspannter und glücklicher.«
- »Ich möchte Sie gerne näher kennen lernen.«
- »Mit Ihrem Charme werden Sie die Situation meistern.«
- »Sie wissen, dass ich Sie persönlich sehr schätze.«
- »Ich kann viel von Ihnen lernen.«
- »Die neue Frisur/der neue Anzug steht Ihnen wirklich auffallend gut.«
- »Sie strahlen heute so etwas ganz Besonderes aus/sehen einfach großartig aus.«

Wie **reagieren Sie auf Komplimente?** Am besten in wenigen Worten und freundlich, aber nicht überschwänglich. Ein kurzes »Vielen Dank« oder »Ich freue mich, wenn Sie das sagen« ist in den meisten Fällen die angemessene Antwort. Es muss deutlich werden, dass das Kompliment Sie nicht überrascht. Schließlich wissen Sie selbst, dass Sie gute Arbeit leisten oder sich geschmackvoll kleiden. Antworten wie »Nun übertreiben Sie mal nicht!« oder »Wie kommen Sie denn darauf?« sind fehl am Platze. Genauso ungeschickt ist es in der Regel, unmittelbar mit einem Gegenkompliment zu reagieren: »Oh, danke, Sie sind aber auch sehr schick.« Darüber hinaus sollten Komplimente nicht zum Inhalt längerer Gespräche werden. Ihr Gegenüber möchte sich vermutlich nicht stundenlang über Ihre Erfolge oder Ihr neues Kleid unterhalten.

> Menschen reden am liebsten über sich selbst. Lenken Sie deshalb das Gespräch zu einem Thema, das den anderen in den Mittelpunkt rückt.

Vielen Menschen fällt es schwer, bei einem Feedback Komplimente oder Positives in den Mittelpunkt zu stellen. Intuitiv nennen sie die Dinge beim Namen: »Da ist Ihnen ein Fehler unterlaufen!« oder »Das muss alles wesentlich schneller gehen!«
Die meisten Menschen fühlen sich jedoch persönlich angegriffen, wenn man ihre Arbeit kritisiert. Wer auf diese Weise in seinem Stolz verletzt wird, wird in Zukunft nur widerwillig mit Ihnen zusammenarbeiten. Da dies nicht in Ihrem Interesse liegt, ist es wichtig, Ihre **Kritik** in Lob zu verpacken. Lob motiviert. Jeder will, dass seine Leistungen anerkannt werden. Wirkungsvoller ist es daher, wenn Sie Kritik in einer grundsätzlich positiven Äußerung verpacken.
Im auf Seite 42 vorgestellten Beispiel von Herrn Taborer und Herrn Lämmer könnte eine solche positive Reaktion etwa so lauten:

»Vielen Dank, Herr Taborer. Ihr Entwurf liegt gerade vor mir und ich habe einen positiven ersten Eindruck. Es ist Ihnen gelungen, Argumente in übersichtlicher Form zu präsentieren. Ich habe mir nun Gedanken gemacht, welche weiteren Aspekte in dem Text noch angesprochen werden sollten und wo sinnvollerweise der inhaltliche

Schwerpunkt liegen könnte. Ich sende Ihnen diese Anregungen per Mail und freue mich, wenn Sie diese Punkte in der Endversion berücksichtigen. In jedem Fall ganz herzlichen Dank für Ihr bisheriges Engagement in diesem Projekt. Ich freue mich auf die neue Version und bin schon jetzt gespannt, wie Ihnen die Umsetzung gelingen wird.«

Dabei ein Hinweis: Wenn Sie Ihre Kritik zu sehr in Watte verpacken, merkt die kritisierte Person unter Umständen gar nicht, wie unzufrieden Sie sind. Falls sanfte Kritik nicht zu den gewünschten Änderungen führt, müssen Sie in einem zweiten Schritt auf freundliche und sachliche Weise die Kritikpunkte deutlicher ansprechen.

Wenn wir uns bei anderen für ihre Hilfe oder besondere Leistung **bedanken,** ist dies zunächst höflich, eine nette Geste und in vielen Fällen eigentlich sogar eine Selbstverständlichkeit. Bei genauerer Betrachtung kann Bedanken auch als effektive Manipulationsstrategie genutzt werden. Wer seinem Gegenüber immer wieder zu erkennen gibt, dass er sich über die Unterstützung freut, erzeugt ein bestimmtes Bild. Der andere wird sich bald verpflichtet fühlen, diesem Image gerecht zu werden.

Angenommen, Sie kaufen viele Bücher in einer Fachbuchhandlung und werden dabei in der Regel von ein und derselben Buchhändlerin kompetent und zuvorkommend bedient. Wenn Sie nicht der Ansicht sind, diese Bedienung sei selbstverständlich, könnten Sie sich diesen Service folgendermaßen für die Zukunft sichern: Investieren Sie zu Weihnachten in eine hübsche Grußkarte und schreiben Sie ein paar nette Worte darauf.

»Liebe Frau Druckhügler, ich wünsche Ihnen ein frohes Weihnachts-fest und ein glückliches und erfolgreiches neues Jahr. Ich freue mich für Sie, wenn Sie nach dem vorweihnachtlichen Trubel im Geschäft über die Feiertage Ruhe und Entspannung finden. Für Ihre großartige Unterstützung bei meinen Buchwünschen bedanke ich mich ganz herzlich bei Ihnen.

Mit freundlichen Weihnachtsgrüßen, Ihr Christian Bach«

Kein großer Aufwand, aber von 500 Kunden sind Sie vermutlich der Einzige, der sich diese (kleine) Mühe macht. Mit diesem kurzen Gruß erreichen Sie, dass sich Frau Druckhügler auch in Zukunft sehr um Sie bemühen wird und Ihnen sicherlich auch die ausgefallensten Sonderwünsche erfüllt. Denn nur so wird sie dem von Ihnen vorgegebenen Image einer hilfsbereiten und qualifizierten Buchhändlerin gerecht.

Dank verpflichtet. Wenn wir uns bedanken, sagen wir damit gleichzeitig: »In Zukunft erwarte ich dies und noch mehr von Ihnen!« Gegen diese Strategie kann sich niemand wehren, selbst wenn die Taktik dahinter durchschaut wird.

Hintergründe

Es ist faszinierend zu beobachten, was andere dazu bewegt, den Wünschen des Gegenübers nachzugeben. Wenn wir verstehen, wie Überzeugung und Beeinflussung funktioniert, können wir unsere Mitmenschen leichter zu neuen Einstellungen, Ansichten, Meinungen und Handlungen bewegen. Wir können sie auch viel leichter von uns und unserem Tun, von unseren Bedürfnissen und Wünschen überzeugen. Selbstverständlich hilft dieses Hintergrundwissen auch dabei, den Beeinflussungsversuchen anderer zu widerstehen.

Die meisten Entscheidungen kommen unter Außeneinflüssen zustande, auch wenn jeder von uns gerne glaubt, dass er selbstbestimmt ist. Sicher lassen Sie sich nicht so schnell von einem redegewandten Verkäufer einwickeln, vertrauen jedoch dafür beim Kauf auf »objektive« Testberichte, bis Sie eventuell durch den so genannten Enthüllungsjournalismus erfahren müssen, dass auch hier Geld im Spiel war.

Ein praktisches Beispiel der Beeinflussung: In einer großen amerikanischen Universitätsbibliothek wurden bis auf ein Gerät sämtliche Kopierer außer Betrieb gesetzt. Vor dem verbliebenen Kopierer bildete sich eine sehr lange Schlange. Testpersonen sprachen nun die Studenten an, die als Erste in der Reihe standen, und baten: »Kann ich bitte den Kopierer benutzen, denn sonst verspäte ich mich zur Vorlesung.«

In 94 Prozent aller Fälle hatten sie mit dieser Bitte Erfolg. Andere Testteilnehmer fragten ganz einfach nur: »Kann ich bitte den Kopierer benutzen?« Selbst dieser Aufforderung, bei der kein Grund genannt wurde, folgten 60 Prozent der Angesprochenen. In einem dritten Versuch lautete der Appell: »Kann ich bitte den Kopierer benutzen, denn ich muss Kopien machen.« Trotz der sehr beschränkten Begründung waren die Testpersonen in 93 Prozent der Versuche erfolgreich.

Erkenntnis daraus: Eine erfolgreiche Fragestruktur vermittelt erst die Bitte, dann eine Begründung. Wie die Untersuchung zeigt, ist es dabei ziemlich nebensächlich, welche Gründe angeführt werden, um von anderen das Gewünschte zu bekommen. [13]

Bequemlichkeit

Wissenschaftliche Studien belegen: Menschen nutzen ihr Gehirn nicht häufiger als unbedingt nötig. Wir wissen es längst: Denken strengt an. Wer konzentriert nachdenkt, verbraucht dreimal mehr Kalorien als derjenige, der faulenzt. Wie gelingt es uns also immer wieder, Denkanstrengungen zu vermeiden? Die Antwort: Wir forschen nicht mühsam und lange, sondern kürzen den Prozess gerne möglichst ab. An diesem einfachen kleinen Beispiel kann man es sich bestens verdeutlichen: Angenommen, Sie brauchen Ordner für Ihren Aktenschrank. Normalerweise kümmert sich eine andere Bürokraft darum, doch die hat Urlaub. Sie müssen die Ordner also selbst kaufen gehen. Deshalb stehen Sie nun vor dem Büroartikelregal, in dem etwa zehn verschiedene Produkte ausgestellt sind. Wenn Sie wissen wollen, welcher Ordner der richtige ist, müssen Sie alle herausziehen, öffnen und mehrfach prüfen, wie diese zu handhaben sind. Sie müssten in die Bibliothek gehen und nachlesen, welche Verschlussart am besten geeignet ist für häufige Nutzung.

Um diesen Entscheidungsprozess abzukürzen, werden Sie in der Regel eher folgende Entscheidungskriterien nutzen:

▶ Sie fragen eine Verkäuferin, welches Produkt sie empfiehlt.

▶ Sie rufen eine Freundin an und erkundigen sich, welche Ordner sie benutzt.

▶ Sie entscheiden sich für den blauen Aktenordner, denn Blau ist Ihre Lieblingsfarbe.

▶ Sie wählen das Produkt der Firma XY, denn die stellt auch brauchbare Klebstoffe her.

▶ Sie kaufen den Aktenordner, den Sie gestern in Ihrer Lieblingsserie im Fernsehen gesehen haben.

▶ Sie nehmen den Sieger von Stiftung Warentest oder Ökotest.

▶ Sie greifen nach dem Sonderangebot.

▶ Sie kaufen das teuerste Produkt, weil Sie annehmen, dass es gut sein muss, wenn es viel kostet.

Auf diese Weise wird unser Gehirn nicht übermäßig strapaziert. Allerdings müssen wir uns verstärkt geistig anstrengen, wenn es um komplexere Dinge wie wichtige Prüfungen, Steuererklärungen oder Geldanlagen geht. Doch auch diese Denkprozesse delegieren wir gerne, zum Beispiel an Steuer- und Anlageberater oder an die vermeintlichen Profis einer Personalberatung. Faulheit ist daher ein ausgezeichneter Nährboden für die Beeinflussung durch unsere Umwelt.

Ihr Gegenüber analysieren

Wenn Sie Ihr Gegenüber, egal ob Kollege oder Vorgesetzter, für sich gewinnen oder von etwas überzeugen wollen, müssen Sie ihn vorab analysieren. Machen Sie sich die Mühe und setzen Sie sich intensiv mit den Sehnsüchten und Ansprüchen Ihres Gegenübers auseinander. Hier liegt der Schlüssel zur Überzeugung. So können Sie bei ihm bestimmte Gefühle hervorrufen, ihn zu Handlungen bewegen und vielleicht auch sein Verhalten langfristig ändern.

Dieser Prozess setzt genaue Beobachtungen voraus:

▶ Welchem Persönlichkeitstypus gehört der andere an?
▶ Welche Bedürfnisse und geheimen Wünsche hat er?
▶ Welche Ängste bewegen ihn?
▶ Welche gemeinsamen Interessen haben die Gesprächspartner?

Anschließend gilt es, Ihre Gewinn- und Überzeugungsstrategien auf diese Erkenntnisse abzustimmen. Wichtig ist es, die individuellen Punkte herauszufinden, an denen Sie mit Ihrer Beeinflussung ansetzen können.

Stellen Sie sich vor, Sie setzen alles daran, Ihr Gegenüber mit freundlichen Worten, netten Gesten oder einem Geschenk für sich zu gewinnen – und der andere ist gelangweilt, wenn nicht sogar verärgert. Dafür gibt es einen einfachen Grund. Häufig gehen wir von unseren eigenen Wünschen, Werten und Ansprüchen aus und projizieren genau diese Erwartungen auch auf unsere Mitmenschen. Gewisse Überschneidungen gibt es, doch im Wesentlichen müssen wir davon ausgehen, dass unser Gegenüber andere Vorstellungen hat. Wenn wir also andere überzeugen wollen, sollten wir so genau wie möglich herausfinden, welche Prioritäten diese in ihrem Leben setzen, was sie begeistert. Wenn wir diese Erkenntnisse in unseren Überzeugungsstrategien entsprechend berücksichtigen, können wir jeden Menschen für uns gewinnen.

Dabei hilft Ihnen die Einteilung in folgende Persönlichkeitstypen:

Der Charismatiker betritt einen Raum, lächelt und mobilisiert auf Anhieb Sympathien. Wie kein Zweiter versteht er es, Menschen für sich zu gewinnen. Er hat ein Gespür für die richtigen Fragen, Kommentare und Geschichten. Er kann gut zuhören, ist verständnisvoll. Andere vertrauen ihm. Er gibt ihnen das Gefühl, sie seien einzigartig. Dieses Vertrauen versteht er auch in beruflichen Erfolg umzusetzen.

Wer den Charismatiker mit Komplimenten überzeugen will, muss sich einiges einfallen lassen, denn er selbst ist Meister im Loben und Motivieren und deshalb mit sämtlichen Strategien vertraut. Und doch schätzt auch der Charismatiker das Lob und die Huldigung.

Der Künstler setzt gern Ideen um, am liebsten seine eigenen. Er ist ein guter Beobachter und lebt in seiner eigenen Welt, die sich anderen nur schwer erschließt. Eine kurze Begebenheit in der U-Bahn inspiriert ihn zu einer Skulptur, einem Kurzfilm oder einem neuen Roman. Ist ein Projekt erst einmal gestartet, vergisst er die Welt um sich herum. Finanzieller Erfolg steht für ihn nicht im Mittelpunkt, harte Verhandlungen und Streitgespräche sind ihm unangenehm. Er braucht Harmonie. Bevor er sich streitet, akzeptiert er lieber, was andere ihm vorschlagen.

Der Künstler ist sehr empfänglich für Einflüsse von außen und offen für Komplimente. Wenn Sie seine Arbeit bewundern, gewinnen Sie schnell sein Vertrauen. Er braucht sehr viel Bestätigung von außen. Bis zum Erfolg ist es für Künstler meist ein langer Weg mit vielen Selbstzweifeln. Wenn es Ihnen gelingt, ihm diese Zweifel (wenn auch nur kurzfristig) zu nehmen, können Sie ihn leicht für sich einnehmen.

Für **den Forscher** steht Messbares im Vordergrund. Das Ergebnis zählt. Tritt ein Problem auf, analysiert er die Situation, achtet auf das kleinste Detail und kommt nicht eher zur Ruhe, bis die Lösung gefunden ist. Angenommen, es geht darum, ein neues Produkt auf der Website seines Unternehmens zu präsentieren, dann kümmert er sich um die technische Umsetzung. Stellt er den Text ins Netz, interessiert er sich nicht für Inhalte oder Formulierungen, sondern für Format und Speicherplatz. Ob die Werbebotschaft den Leser beeindruckt oder amüsiert, ist ihm zu abstrakt. Er will wissen, wie viele User genau im Laufe einer Woche die Homepage anwählen und welche Auswirkungen dies auf den Umsatz hat.

Wer den Forscher für sich gewinnen will, spricht am besten in Zahlen und bleibt bei den Tatsachen. Zeigen Sie sich gut organisiert und fassen Sie sich vor allem kurz.

Doch so sehr der Forscher sein sachliches, nüchternes Image lieben und pflegen mag, auch er möchte hin und wieder über Eindrücke und Gefühle sprechen. Wenn es Ihnen gelingt, diese Ausnahmemomente zu erspüren, gewinnen Sie seine besondere Sympathie.

Der Macher liebt Herausforderungen und Veränderungen. Er ist ausgesprochen selbstbewusst und ruht sich nicht auf seinen Erfolgen aus. Von Hindernissen lässt er sich nicht aufhalten, ohne neue Ziele langweilt er sich schnell. Der Macher hält sich nicht mit Diplomatie auf. Er sagt, was er denkt. Da er selbst viel zu beschäftigt ist, um sich lange über Kritik von außen zu ärgern, zögert er nicht, andere zu kritisieren, was ihn leicht aggressiv und ungeduldig erscheinen lässt.
Der Macher ist ein Workaholic. Er liebt seinen Beruf. Für ihn zählt nur messbarer Erfolg. Der Macher kommt nicht zur Ruhe, Freizeit interessiert ihn nicht. Er liebt den Wettbewerb und genießt es, in Verhandlungen zu siegen.
Wer den Macher beeinflussen will, muss ihn unterhalten, ihn mit ausgefallenen Ideen überraschen. Und auch er will für seine Erfolge entsprechend bewundert werden; gern auf intelligente Art.

Fazit: Wer andere für sich gewinnen will, muss ihnen erstens ungeteilte Aufmerksamkeit schenken, ihnen zweitens zeigen, dass er sie für attraktiv und einzigartig hält und drittens sich vor allem auch selbst als selbstbewusst und begehrenswert präsentieren.
Wenn Sie gemeinsame Stärken und Vorlieben entdecken, sollten Sie diese hervorheben. Stoßen Sie auf Schwächen, können Sie entscheidende Sympathien gewinnen, wenn Sie die entsprechenden Lösungen präsentieren. Sorgen Sie also dafür, dass der andere Sie als Gleichgesinnten wahrnimmt, der nützliche und interessante Stärken mitbringt, die ihm selbst fehlen. Wollen wir unser Gegenüber für uns und unsere Ideen begeistern, wird er sich früher oder später fragen, ob auch er von einer

Zusammenarbeit oder einem Engagement für uns profitiert. Das bedeutet, dass wir mit unseren Überzeugungsstrategien immer auch die Vorteile für den anderen aufzeigen müssen. Das können materielle Anreize sein (»Wenn Sie mir helfen, bezahle ich Ihnen 200 Euro«) oder immaterielle, wie zum Beispiel überzeugende Komplimente.

Herr Kollar lernt zu verzaubern

Herr Kollar hat noch eine Woche Zeit, bis sein Chef aus dem Urlaub kommt. Schon jetzt ist er ziemlich aufgeregt, weil er weiß, wie viel für ihn von dem Gespräch abhängt. Dennoch ist er bestens motiviert und fühlt sich gut vorbereitet. Als er sich einen Kaffee holt, kommt er bei seinem Kollegen Gunnar Wolf-Lüders vorbei, der gerade mitten im Verkaufsgespräch ist. Ein junges Paar hängt an seinen Lippen und lauscht gespannt den Ausführungen des Verkäufers. ›Bestimmt werden die beiden auch wieder unterschreiben‹, denkt sich Herr Kollar in einer Mischung aus Bewunderung und Neid. Herr Wolf-Lüders ist der beste Verkäufer des Autohauses, ein echtes Naturtalent.

›Wie der das immer macht?‹, fragt sich Herr Kollar. Der Kollege ist nicht unbedingt ein Adonis, wieso stehen alle so auf ihn? Auch im Autohaus selbst, unter den Kollegen, ist Herr Wolf-Lüders absolut beliebt. Ständig geht er mit jemand anderem in die Mittagspause.

Als Herr Kollar so in Gedanken vertieft ist, kommt ein anderer Kollege aus dem Controlling vorbei und spricht ihn darauf an, wann er denn nun endlich die benötigten Zahlen liefern würde. Er sei doch schon überfällig mit seiner Statistik, so lange könne es doch wohl nicht dauern. Herr Kollar erklärt, er sei in der Vorbereitung, und verspricht ihm die Datei gleich zu schicken. So ein Idiot, denkt er sich. Keiner kann ihn leiden, ein richtiger Antityp. Immer miesepetrig drauf, setzt er andere stets unter Druck und verbreitet überall schlechte Stimmung. Sozusagen das Gegenteil von Herrn Wolf-Lüders.

›Hoffentlich bin ich deutlich mehr wie der erfolgreiche Verkäufer Wolf-Lüders‹, sinniert Herr Kollar und nimmt sich vor, diesen einmal

genauer zu beobachten. ›Vielleicht komme ich ja auf sein Geheimnis, wenn ich ihn zum Essen einlade und ihn so ganz von nahem erlebe.‹ Gedacht, getan, Herr Kollar hat Glück und Herr Wolf-Lüders sagt direkt für heute zu, da ein Termin bei ihm ausgefallen ist.

Gemeinsam sitzen sie beim Italiener. Warum er denn die Ehre hätte, heute mit Herrn Kollar zu speisen, fragt ihn Herr Wolf-Lüders direkt und schaut seinen Kollegen verschmitzt an. Und dann auch gleich noch in seinem Lieblingsrestaurant, fügt er hinzu und stellt fest: Wir scheinen ja einen recht ähnlichen Geschmack zu haben. Herr Wolf-Lüders lächelt gewinnend und Herr Kollar entspannt sich.

Als das Essen kommt, verzieht Herr Kollar das Gesicht. Die Spaghetti haben definitiv zu lange gekocht und sind absolut weich. Auch Herr Wolf-Lüders wirkt nicht zufrieden. »Ich frage mal die Bedienung«, sagt er. Herr Kollar winkt ab. »Ach was, dann muss man sich auch noch von denen belehren lassen.«

»Na, lassen Sie es mich mal probieren«, sagt Herr Wolf-Lüders und macht der Kellnerin ein Zeichen. Als diese an den Tisch kommt, setzt sich Herr Wolf-Lüders lächelnd gerade hin und schaut ihr freundlich in die Augen. Er sei ja schon oft hier gewesen, aber sie habe er noch nicht gesehen … Ja, sie sei eine neue Servicemitarbeiterin, bekommt er zur Antwort.

»Da haben sie ja Glück gehabt, in einem so netten und guten Restaurant zu arbeiten«, fährt Herr Wolf-Lüders fort. Sie lächelt, er lächelt. Ja, er habe eine Frage: Die Soße ist heute ja wieder vorzüglich, ganz, ganz lecker. Die Nudeln kommen ihm nur ein klein wenig zu gar vor, ob sie das vielleicht mal testen könnte? Und auch die Pasta von Herrn Kollar, vielleicht ist der Koch ein wenig verliebt, wenn er eine so nette neue Kollegin hat? Die Kellnerin wird ganz leicht verlegen, grinst und nimmt beide Teller mit. Nach zehn Minuten kommt sie mit neuer, frisch gekochter Pasta und zwei Gläsern Wein wieder. Als Entschuldigung sozusagen.

Herr Kollar staunt, was Offenheit, einige nette Komplimente und gut eingepackte Kritik für Konsequenzen haben. Wenn er sich bislang beschwert hat, gab es meist eine gemurmelte Entschuldigung und böse Blicke. Wenn überhaupt, wurde ihm ein neues Gericht eher widerwillig gebracht. Langsam versteht er, warum Herr Wolf-Lüders so gut ankommt. Er wirkt gelassen, ist interessiert an seinem Gegenüber, hört zu und lächelt. Sein Blickkontakt ist offen, aber nicht bohrend, dadurch wirkt er ehrlich. Auch das kommt bestimmt gut bei seinen Verkaufsgesprächen an.

Nach dem Restaurantbesuch, als Herr Kollar wieder an seinen Arbeitsplatz geht, kommt Frau Schmidt aus dem Einkauf an ihm vorbei und lächelt. Inspiriert durch seinen sympathischen Kollegen, lächelt er deutlich zurück und meint, dass sie ja heute so strahlend aussehe, ob sie beim Friseur gewesen sei. Ihr Lächeln intensiviert sich und sie kommen auf sehr lockere Weise ins Gespräch. Am Ende verspricht sie, ihm ausnahmsweise schon vorher die neuen Bürokataloge zu zeigen, damit er sich den von ihm schon lange gewünschten neuen Bürostuhl aussuchen kann.

Abends zu Hause schmiegt sich seine Ehefrau an ihn. Er hat ihr Blumen mitgebracht, mit einer kleinen Karte. Sie war völlig gerührt und hat sich riesig gefreut ... Manchmal kann es so einfach sein. Herr Kollar ist sich sicher, dass er so gewappnet auch seinen Vorgesetzten überzeugen kann.

Nichts ist einfacher, als sich schwierig auszudrücken;
und nichts ist schwieriger, als sich einfach auszudrücken.
Karl Heinrich Waggerl

3. Gebot: Verbessern Sie Ihre Kontakt- und Kommunikationsfähigkeit!

Mit einem positiven Gefühl für sich selbst auf andere Menschen zuzugehen, Kontakte zu knüpfen und weiterzuentwickeln sind Schlüsselqualitäten, auf die es in der Arbeitswelt immer mehr ankommt. Ob in Krisenzeiten oder unter normalen Arbeitsbedingungen: Der kommunikative Umgang miteinander, das aktive Zuhören und sich klar auszudrücken sind absolut wesentliche Elemente für beruflichen Erfolg. Lernen Sie, wie Sie sich mit Ihren Vorgesetzten, Kollegen und Geschäftspartnern positiv und zielgerichtet austauschen. Zu Ihrem Vorteil!

Stichworte: besser kommunizieren – sich erfolgreich auseinander setzen

Stephan Lehmann, 29, unverheiratet, lebt in Frankfurt und ist Bank-kaufmann. Der groß gewachsene, gut gebaute, aber sehr schüchterne und noch ziemlich jungenhaft wirkende Mann arbeitet im Back Office, in der internen Verwaltung bei einer Großbank, Aufgaben-bereich Unternehmensbewertungen.

Die Arbeit am Bankschalter mit Publikumsverkehr wäre nichts für ihn gewesen – zu viele Menschen. Besser ein ruhiger Job im Hintergrund mit überschaubarem Kollegenkreis, ohne große Außenkontakte, ohne Hektik und die ständige Anforderung, sich auf ein unbekanntes Ge-genüber neu einstellen zu müssen. So war nach der Ausbildung zum Bankkaufmann ein Arbeitsplatz im Back Office Stephans Wunschziel. Die Bank, für die er tätig ist, residiert in einem typischen Frankfurter Bankenhochhaus. Jeden Morgen muss Stephan Lehmann mit einem hochmodernen, schnellen Fahrstuhl in den 23. Stock fahren. Und jeden Morgen spürt er, wie unangenehm ihm die Fahrt in dem doch recht engen Aufzug mit anderen Menschen ist. Oftmals bricht ihm schon beim Gedanken an Aufzüge der Schweiß aus. Wenn er daran denkt, dass ein Kollege oder – schlimmer noch – sein direkter Vorge-setzter mit ihm fährt, wird ihm fast schlecht. Zu Fuß gehen kommt nicht in Frage, es sind einfach zu viele Stockwerke.

Zum Glück passiert es nicht sehr oft, doch heute werden Stephans Befürchtungen wahr. Er kommt einige Minuten später als gewohnt, ein bisschen abgehetzt vom schnelleren Gehen, als er in der Hoch-haushalle um die Ecke biegt und zum Fahrstuhl sieht. Dort steht sein Abteilungsleiter, Herr Schneider, eigentlich ein akzeptabler Vorge-setzter, der allerdings bisweilen dazu neigt, im Gespräch mit seinen Untergebenen seine höhere Hierarchiestufe allzu deutlich werden zu lassen. Jedes Mal, wenn Stephan mit Herrn Schneider zu tun hat, fühlt er sich besonders unter Druck gesetzt.

Angesichts des auf den Aufzug wartenden Herrn Schneider würde Stephan am liebsten auf dem Absatz kehrtmachen. Gerade heute fühlt er sich nicht dazu in der Lage, Smalltalk zu machen. Es ist gestern Abend spät geworden am Computer. Er ist noch müde und *völlig leer im Kopf, hat keine Lust auf artige Konversation. Doch – zu spät. Herr Schneider blickt von seiner Zeitung auf, in die er eben noch vertieft zu sein schien. Ein leichtes, feines Lächeln überzieht sein Gesicht, als er Stephan erblickt und ins Visier nimmt. Der wiederum sieht keine Möglichkeit mehr, umzukehren oder auszuweichen. Er muss sich der Situation stellen. Mit leicht verkrampftem Gesicht geht er etwas zögerlich auf seinen Vorgesetzten zu und grüßt – so wie es die Karriereberater empfehlen – als Erster.*

Sein Chef schaut ihn direkt an, erwidert den Gruß anscheinend gut gelaunt und erkundigt sich sofort im leichten Plauderton: »Wie geht's denn so, Herr Lehmann? Was macht Ihre Arbeit, Sie wissen schon, die Sache mit der ...?« Das etwas undeutlich gesprochene Ende des Satzes geht für Stephan unter. Er hat es nicht verstanden.

»Läuft«, erwidert Stephan einsilbig, nicht wissend, was oder welchen Vorgang sein Vorgesetzter gerade angesprochen hat. Obwohl er genau spürt, wie wichtig es wäre, auch außerhalb des Büros zu zeigen, dass er in der Lage ist, leicht und unkompliziert ins Gespräch zu kommen, es will ihm absolut nichts einfallen. Der Fahrstuhl kommt endlich, sie steigen ein. Schweiß tritt Stephan auf Stirn und Oberlippe. Schweigen. Stephan fühlt sich unbehaglich in dieser nicht enden wollenden Situation. Herr Schneider indessen blickt Stephan von der Seite etwas nachdenklich, kritisch prüfend an, ohne etwas zu sagen. Was Herr Schneider nun von ihm denkt? Ob er sich um seinen Job Sorgen machen muss? Der Tag ist für Stephan gelaufen, mit weichen, zitternden Knien verlässt er in der 23. Etage völlig verunsichert den Fahrstuhl und geht zu seinem Arbeitsplatz.

Verunsicherung am Arbeitsplatz ist der beste Nährboden für Kommunikationsprobleme. Nicht zu jedem hat man einen »Draht«, oft genug entstehen Fehler, weil die Gesprächspartner aneinander vorbeigeredet haben. Deshalb gehören sich verständlich zu machen und sein Gegenüber zu verstehen zu den wesentlichen Fähigkeiten, die jeder

Mensch braucht – egal ob im Privatleben oder in der Arbeitswelt. Im beruflichen Umfeld ist angemessene Kommunikation nicht nur der Schlüssel zu Ihrem Gegenüber, sondern auch zum erfolgreichen Arbeiten.

Wir kommunizieren ständig, egal ob wir E-Mails schreiben, telefonieren, im Schlaf sprechen oder mit gelangweilter Miene in der U-Bahn sitzen. Unser ganzes Leben ist Kommunikation. Klingt einfach, weil es jeder macht – ist aber nicht einfach, weil es nicht jeder richtig beherrscht.

Hier erfahren Sie, wie Sie Ihre kommunikativen Fähigkeiten stärken. Denn ob Sie nun Personen für sich einnehmen, Ihr Leistungs- und Kompetenzprofil vermitteln oder etwas präsentieren wollen: Ohne substanzielle Kenntnisse, wie Sie mit Ihrem Gegenüber am besten kommunizieren, werden Sie Ihr Ziel nur schwer erreichen. Folgen Sie unseren Handlungsanleitungen, damit Sie sowohl im Dialog als auch bei Gesprächen in Gruppen besser denn je überzeugen.

Körpersprache – die nonverbale Kommunikation

Am wenigsten sprechen wir mit Worten – es ist unser Körper, unsere ganze Erscheinung, die ständig bedeutsame Botschaften aussendet. Diesem wichtigen Teil der Kommunikation haben wir bereits im letzten Kapitel (ab Seite 49) umfangreiche Ausführungen gewidmet. Daher hier nur in Kürze: Achten Sie bei Ihrer Kommunikation darauf, dass Ihre Botschaft des gesprochenen Wortes auch durch entsprechende Gestik und Mimik begleitet wird. Wenn Sie beispielsweise Ihrem Chef erklären, das neue Projekt mache Ihnen viel Freude, und dabei Ihre Schultern hängen lassen, auf den Boden schauen und leise und bedrückt sprechen, wird er einen ganz anderen Eindruck haben.

Grundlagen der Gesprächsführung

Gesprächsführung befasst sich mit dem Dialog zwischen zwei oder mehreren Personen, zum Beispiel in Arbeitssitzungen, Pausen, Verhandlungen, Diskussionen oder beim Verkauf. Dabei wird effektive Kommunikation von Sprach- und Verhaltensforschern[14] mit vier Merkmalen charakterisiert:

▶ die Fähigkeit, seine Vorstellungen, Ideen etc. gut artikulieren zu können (egal ob schriftlich oder mündlich), was eine geordnete Denkweise voraussetzt und Herausforderungen an das Ausdrucksvermögen stellt (zum Beispiel Sprachfertigkeit),
▶ über ausreichende Sach-/Fachkenntnisse, also Wissen zu verfügen,
▶ überzeugt, begeistert oder engagiert, wenigstens aber interessiert zu sein an dem Stoff, um den es geht,
▶ sich angemessen auf sein Gegenüber einstellen zu können.

Um erfolgreich zu kommunizieren, machen Sie sich also nicht nur Gedanken, *was* Sie sagen oder schreiben wollen, sondern auch über die Art und Weise, *wie* Sie Ihre Botschaft dem Empfänger am besten vermitteln.

Dabei funktioniert Kommunikation – etwas vereinfacht dargestellt – auf mindestens zwei Ebenen: der **sachlich-rationalen**, die in den Worten zum Ausdruck kommt, und der **gefühlsmäßigen**, die schwerer zu fassen ist, weil sie sich hinter den Worten (mehr oder weniger) verbirgt. Es gibt Modelle, die verständlich zu machen versuchen, was abläuft, wenn Menschen kommunizieren. Damit kann erklärt werden, wie es zu Missverständnissen und/oder Konfliktsituationen kommt.

Exkurs: Das Modell der vier Seiten einer Nachricht

1. Teil: Vier Botschaften einer Nachricht

»Was haben Sie eigentlich gelernt?« – Was soll diese Frage, die mehrere Botschaften enthalten kann, wirklich bedeuten? Längst nicht jede Frage oder Aussage entschlüsselt sich durch ihren reinen Wortlaut. Oft muss zwischen den Zeilen gelesen werden – genau wie bei Werbeprospekten oder in Arbeitszeugnissen. Denn Aussagen oder Botschaften können auf **vier Ebenen** gemacht und wahrgenommen werden: der Sach-, der Gefühls-, der Beziehungs- und der Handlungsebene.

Alles, was wir sagen, beinhaltet mehrere Aussagen. Wenn Kommunikation klappt, dann verstehen und werten wir diese Mitteilungen richtig. Das läuft ab, ohne dass man sich dessen bewusst ist.

Verdeutlichen wir uns einmal das Aussagespektrum der einfachen Frage: *»Was haben Sie eigentlich gelernt?«*

Von der Sachebene abgeleitet, bedeutet die Botschaft wortwörtlich: Der Fragende will wissen, über welche Kenntnisse der Angesprochene verfügt, und fordert zur Stellungnahme auf.

Von der Selbstoffenbarungsebene aus betrachtet, sagt der Sprecher etwas über sich selbst aus, er gibt etwas von sich preis. Er ist möglicherweise in Sorge über die mangelnden Kenntnisse oder den Ausbildungsstand seines Empfängers und wünscht sich ein deutliches Mehr.

Von der Beziehungsebene aus gesehen, sagt der Sprecher etwas über die Beziehung, die er zu dem Angesprochenen hat oder sich wünscht. Dabei spielen Formulierung, Tonfall und Mimik eine große Rolle. Der Ton macht die Musik, wie es so schön im Volksmund heißt, und könnte bei einer bestimmten Betonung dieser Frage eine Geringschätzung der Empfängerperson bedeuten.

Auf der Appellebene kann die Frage als eine Aufforderung verstanden werden, etwas Bestimmtes zu tun, zu lassen oder gar vorzuweisen. In unserem Beispiel vielleicht auch eine Aufforderung, nochmals nachzudenken und dann das Problem anders zu lösen. Je nach Betonung könnte die Frage auch als massiver Vorwurf intendiert sein.

Eine Nachricht kann, muss aber nicht immer alle vier Seiten haben. Was aber ist nun die »richtige« Botschaft? Das hängt stark davon ab,

▶   welche Beziehung die Gesprächspartner zueinander haben,
▶   wie die Botschaft betont wird,
▶   von welcher Körpersprache (Mimik, Gestik) die Botschaft begleitet wird und
▶   wie die Gesprächssituation insgesamt verläuft.

2. Teil: Die vier Ohren eines Zuhörers

Nicht jeder ist gleich empfänglich für die verschiedenen Ebenen einer Botschaft. Schauen Sie sich Ihre Mitmenschen und Gesprächspartner genau an und schätzen Sie ein, auf welchem »Ohr« sie besonders gut hören und vor allem worauf sie weniger oder gar nicht reagieren, weil ihr »Ohr« unterentwickelt oder gar taub ist.

Die Sachlichen halten sich ausschließlich an die Tatsachen, die geäußert werden. Auf die anderen Botschaften reagieren sie häufig gar nicht. Sie wirken oft unsensibel und gehen meist nicht auf zwischenmenschliche Bedürfnisse ein. In unserem Beispiel würden sie jetzt den objektiven Tat- und Kenntnisstand erläutern und eine Zusammenfassung ihrer Ausbildungsstationen liefern.

Die Einfühlsamen hören vor allem die Aussagen, die der andere über sich selbst macht. Sie (glauben zu) wissen, wie es ihren Mitmenschen geht, und schwingen empathisch mit. Manchmal auch zu viel – wenn sie in unserem Beispiel etwa den Fragesteller zu bedauern anfangen (»Sie Ärmster, Sie machen sich jetzt solche Sorgen ...«)

Die Sensiblen haben ein feines Ohr für die Kontaktebene, sie hören deutlich heraus, was sich in der Beziehung zwischen Sender und Empfänger abspielt. Sie fühlen sich jedoch schnell angegriffen, verteidigen sich und reagieren beleidigt. (»Höre ich da einen Vorwurf?«)

Die Handlungsorientieren reagieren vor allem auf den Appell, der in einer Botschaft steckt. Sie wollen sofort helfen, aktiv werden und anpacken, oftmals ohne (ausreichend) nachzudenken. (»Was soll ich jetzt machen?«)

Das Fazit für Sie als Sprecher: Versuchen Sie Ihren Gesprächspartner einzuschätzen: Auf welchem »Ohr« hört er am besten, auf welchem am schlechtesten? Formulieren Sie Ihre Botschaft entsprechend klar. Betonen Sie besonders deutlich den Aspekt, auf den es Ihnen speziell ankommt. Kommunizieren Sie dabei so, dass die vier Seiten einer Nachricht besser übereinstimmen. Vermeiden Sie Ironie, unklare Formulierungen, Anspielungen und doppelte Bedeutungen, also alles, was die Angelegenheit noch zusätzlich erschweren kann.

... und für Sie als Zuhörer: Wenn Sie selbst die Tendenz haben, ein bestimmtes »Ohr« überzubetonen und andere zu vernachlässigen, überlegen Sie, ob Ihr Gesprächspartner nicht auch etwas anderes gemeint haben könnte. Fragen Sie gezielt nach, um Missverständnisse zu vermeiden. (»Interpretiere ich Ihre Aussage richtig ...?«)

Für funktionierende Kommunikation sind vor allem folgende Faktoren wichtig:

► ein stabiles Selbstbewusstsein beziehungsweise Selbstwertgefühl,

► die Fähigkeit, ein Mindestmaß an Sympathie für sich zu
mobilisieren,

► eine positive, von Respekt geprägte Grundhaltung, mit der
Sie Ihren Gesprächspartnern gegenübertreten (»Ich bin
o.k. – du bist o.k.«),

► Interesse und Neugier an Ihrem Gegenüber.

Das A und O – die Gesprächsvorbereitung

Im Folgenden möchten wir Ihnen zeigen, wie Sie sich auf
wichtige Gespräche vorbereiten und so Entscheidungen für
sich beeinflussen können. Aus der Welt der Werbung kennen wir eine besondere Vorgehensweise, die Ihr Vorhaben
positiv unterstützen kann. Dabei sind drei Leitfragen zu
beachten. Sie sind aufeinander abgestimmt und sollten in
dieser Reihenfolge geklärt werden:

1. **Was wollen Sie bei Ihrem Gegenüber bewirken? Was ist
Ihr Anliegen, Ihr Ziel? Was soll sich verankern, im Kopf
Ihres Gegenübers festsetzen?**
Dies ist der wichtigste Baustein, an dem sich alle weite-
ren Fragestellungen orientieren. Denken Sie daher inten-
siv darüber nach, was Sie wirklich erreichen wollen.

2. **Wie formulieren Sie aus den sorgfältigen Überlegungen
zu Ihrem Kommunikationsziel verständliche, schnell
begreifliche, überzeugende Botschaften?**
Hier kommt es besonders auf Ihre Fähigkeit an, etwas

»auf den Punkt« zu bringen und die Abfolge Ihrer Aussagen (Botschaften) zu bedenken.

3. **Wie untermauern Sie diese sorgfältig ausgewählten und präzise formulierten Botschaften?**
Sie wollen die Glaubwürdigkeit und Überzeugungskraft Ihrer Botschaft stärken und dafür sorgen, dass sie bei den anderen in Erinnerung bleibt.
Üben Sie diese Vorgehensweise. Fixieren Sie schriftlich Ihre drei Punkte: Kommunikationsziel, Botschaften und Argumente. Sie werden feststellen, dass sich Ihre Anliegen leichter durchsetzen lassen.

Beispiel: Urlaubsplanung durchsetzen

1. **Beginnen Sie mit der Definition Ihres Kommunikationsziels.**
Ich möchte meinem Vorgesetzten vermitteln, dass ich feste Urlaubspläne habe. Diese kann und will ich nicht verändern zugunsten eines Kollegen, der sich nicht zu Jahresanfang in die Urlaubsliste eingetragen hat.

2. **Formulieren Sie daraus leicht verständliche, klare Botschaften.**
   ▶ Meine Urlaubsplanung steht seit Jahresbeginn fest.
   ▶ Meine Familie hat sich darauf eingerichtet.
   ▶ Ich bin gerne bereit, für das nächste Jahr darüber zu verhandeln, auch außerhalb der Sommer- und Ferienzeit Urlaub zu nehmen.

3. **Suchen Sie die besten, überzeugendsten Argumente.**
   ▶ Ich habe mich rechtzeitig in die Urlaubsliste eingetragen und keinen Einspruch durch die Geschäftsleitung signalisiert bekommen.
   ▶ Der Urlaub ist fest gebucht. Eine Veränderung wäre mit Kosten verbunden.

▶ Ich habe im vergangenen Jahr einen Kompromiss gemacht.

▶ Ich wäre bereit, für das kommende Jahr über die Urlaubszeit neu zu verhandeln.

Verhandeln – so setzen Sie sich durch

Überlegen, besprechen, handeln – so lautet die erfolgreiche Kombination für Ihre berufliche Gesprächsführung:

1. Bereiten Sie sich auf wichtige Gespräche immer gut vor. Dazu gehören das zu verhandelnde Thema und Ihr Ziel, aber auch der richtige Ort und Zeitpunkt.
2. Sorgen Sie aktiv für eine gute Gesprächsatmosphäre.
3. Benennen Sie klar und deutlich das Hauptthema und erzielen Sie mit Ihrem Gesprächspartner Einvernehmen darüber.
4. Unterteilen Sie das Hauptthema in einzelne, geeignete Unterpunkte, in sinnvolle Teilaspekte, die Ihnen auf dem Weg zum Gesamtziel behilflich sein können.
5. Benennen Sie so objektiv wie möglich die Ausgangssituation, beschreiben Sie den Ist-Zustand, die Sach- und Interessenlage.
6. Wo genau gibt es Probleme, was sind die wichtigsten Meinungsunterschiede, was sind die Ursachen dafür? Diskutieren Sie Veränderungsmöglichkeiten und Lösungsansätze.
   ▶ Wie lassen sich die Schwierigkeiten beseitigen?
   ▶ Was ist das Wichtigste und muss zuerst getan werden, was kann noch warten?
   ▶ Was verspricht auch zukünftig eine gute, dauerhafte Lösung?
7. Wägen Sie alle wichtigen Argumente ab.

8. Fassen Sie alle Gesprächsergebnisse zusammen:
   ▶ Worauf kann man sich einigen?
   ▶ Welche Probleme sind geklärt?
   ▶ Welche Handlungen müssen von wem erfolgen?
   ▶ Was bleibt noch offen und muss weiter verhandelt werden?
9. Sorgen Sie aktiv für einen positiven, ermutigenden Verhandlungs- und Gesprächsabschluss.
   Beachten Sie während des Gesprächs:
   ▶ Hören Sie dem Gesprächspartner aktiv zu, fragen Sie sich, was den anderen zu seiner Aussage bewegt.
   ▶ Sprechen Sie klar und konkret über eigene Wünsche und Anliegen.
   ▶ Machen Sie das eigene Verhalten, die persönlichen Motive und Ziele deutlich.
   ▶ Formulieren Sie so häufig wie möglich positiv; benutzen Sie kurze und anschauliche Sätze.

Smalltalk – der Schlüssel zu Ihren Mitmenschen

Smalltalk hat das Ziel, bei einer Begegnung oder einem ersten Kontakt Gesprächsthemen und Gemeinsamkeiten zu finden, über die sich nett plaudern lässt und die einen in den Augen des Gegenübers sympathisch und interessant erscheinen lassen. Beinahe jeder Kontakt beginnt mit einem Smalltalk: beim ersten Treffen mit dem neuen Vorgesetzten, bei einem Betriebsfest, auf einer Geburtstagsparty, in einer Fortbildung oder in der U-Bahn. Unverbindliche und angenehme Kommunikation macht Sie für andere zum souveränen, sympathischen Gesprächspartner und hilft Ihnen, Kontakte zu knüpfen und zu pflegen. Die Fähigkeit zum Smalltalk ist daher ein wichtiger Persönlichkeits- und Kompetenzbaustein für jeden, der beruflich und persönlich im Leben Erfolg haben will.

Im folgenden Abschnitt möchten wir Ihnen einige Grundzüge des Smalltalks vermitteln, angefangen mit einer komprimierten Übersicht über die wichtigsten Aspekte:

Wenn Sie mit jemandem sprechen, **lächeln** Sie! Dadurch gewinnen Sie in aller Regel entscheidende Sympathiepunkte. Der erste Eindruck wirkt bei Ihrem Gesprächspartner nachhaltig.

Interessieren Sie sich demonstrativ für andere Menschen. Schon mit ganz einfachen Fragen können Sie Ihrem Gegenüber vermitteln, wie wichtig Sie ihn nehmen. Dazu gehört auch, den anderen ausreden zu lassen, statt ihn sofort zu unterbrechen, wenn Ihnen selbst etwas Interessantes einfällt. Machen Sie ferner die **Interessen des anderen** zum Inhalt des Gespräches: Wenn Ihr Gegenüber über Dinge sprechen kann, die ihn besonders interessieren, wozu er viel erzählen kann, dann fehlt zu seinem Glück nur noch ein engagierter Zuhörer und Gesprächspartner. Dazu bieten Sie sich an.

Seien Sie ein aufmerksamer, **konzentrierter Zuhörer**. Konzentrieren Sie sich auf den anderen und fragen Sie interessiert nach. Je mehr Sie auf Ihren Gesprächspartner und seine Interessen eingehen, umso mehr ermutigen Sie ihn, auch über sich selbst zu reden. Kommentare wie »Das klingt sehr interessant!« oder »Ist ja toll!« oder auch nur »Hm ...« und »Ach so ...« sorgen für ein gutes Gesprächsklima. Machen Sie kurze Pausen, bevor Sie auf die Aussagen Ihres Gesprächspartners reagieren, so wirken Sie wirklich aufmerksam.

Seien Sie großzügig mit **Lob und Wertschätzung**. Mit persönlichen und ehrlich gemeinten Komplimenten stärken Sie das Selbstwertgefühl und Selbstbewusstsein Ihres Gesprächspartners. Das trägt zu einer lockeren, entspannten Gesprächsatmosphäre bei. Und: Zeigen Sie dem anderen, dass Sie in ihm ein großes Potenzial sehen. Das wird ihn anspornen, Ihre Erwartungen zu erfüllen. Wenn Sie sagen: »Das schaffen Sie bestimmt!«, dann freut er sich über das in ihn gesetzte Vertrauen und ist besser motiviert.

Bewusste Wahrnehmung: An kleinen Gesten und am Gesichtsausdruck können Sie erkennen, ob Ihr Gesprächspartner auch wirklich an Ihren Ausführungen interessiert ist. Wenn er Ergänzungen macht, zustimmend mit dem Kopf nickt oder interessierte Zwischenfragen stellt, können Sie mit gutem Gewissen weiter erzählen. Wenn er dagegen den Blick durch den Raum schweifen lässt, statt Sie anzuschauen, ist das ein untrügliches Zeichen dafür, dass er sich langweilt. Höchste Zeit, das Thema zu wechseln!

Fassen Sie gelegentlich die Aussage des anderen in eigenen Worten **zusammen.** Zeigen Sie, dass Sie die Worte verstanden haben und auch die Botschaft, die dahinter steht. Zum Beispiel: »Ich habe den Eindruck, dass Sie mit der augenblicklichen Situation gar nicht zufrieden sind. Ist das richtig?«

Fragen und Nachfragen: Nicht zu neugierig und nicht zu vorsichtig – so sollten die Fragen formuliert sein, die Sie stellen. Stellen Sie dabei Fragen, deren Antwort Sie wenigstens ansatzweise interessiert. Mit Formulierungen wie »Gefällt Ihnen der Umbau der Kantine?« können Sie das Gespräch geschickt zu dem Thema lenken, das Sie interessiert, zum Beispiel Architektur oder Essen.

Menschen lieben es, Ratschläge zu geben. Wer geschickt ist, nutzt diesen Umstand. Wenn Sie jemanden **um Rat bitten,** ist das ein Vertrauensbeweis. Wenn Sie wissen, dass Ihr Gegenüber seinen großen Garten liebevoll pflegt, fragen Sie ihn doch, wie Sie Ihre Balkonpflanzen am besten durch den Winter bekommen. Sie zeigen, dass Sie auf sein Urteil Wert legen und dass Sie ihm zutrauen, er könne Ihnen weiterhelfen.

Smalltalk-Strategien

Gesprächseinstieg

Wer gewinnen will, der übt – und bereitet sich gut vor. In vielen Fällen ist es vorhersehbar, wen man zu welchem Anlass treffen wird. Bereiten Sie sich daher vor, wenn Sie auf die Betriebsfeier gehen oder zum Geschäftsessen eingeladen sind – welche Interessen oder Hobbys hat der Vorgesetzte, Kollege oder Geschäftspartner, mit dem Sie gern ein Wort wechseln wollen?

Der Gesprächseinstieg ist für viele eine Hürde. Sie können sich dabei zunächst an der »BASF-Formel« orientieren:

B beobachten, Blickkontakt aufnehmen, begrüßen

Ein freundlicher Gruß – eigentlich ganz banal und einfach: nur ein kurzes Kopfnicken oder ein »Hallo«. Die Begrüßung ist die Basis für ein Gespräch. Gehen Sie einfach auf den anderen zu, schauen Sie ihm ins Gesicht, und sagen Sie laut, deutlich und freundlich: »Guten Tag!« Beim Grüßen sollten Sie unbedingt lächeln und so Ihre Freude zeigen, den anderen kennen zu lernen.

A anfangen, ansprechen

Erste Möglichkeit: Sie stellen sich kurz vor. »Ich möchte mich Ihnen gerne vorstellen!« wirkt höflich und dynamisch. Nennen Sie anschließend Ihren Vor- und Nachnamen, wenn Sie eine gewisse Nähe zum anderen suggerieren wollen: »Ich bin Paul Schröder.« Das ist schlicht und einfach. Im Arbeitsleben können Sie dann Ihre Visitenkarte überreichen.

Sie brauchen sich nicht unbedingt gleich namentlich vorzustellen. »Darf ich Sie etwas fragen? Ich ... (suche, brauche, möchte, frage mich ... und so weiter)« oder auch nur:

»Hallo ...«; »Verzeihung ...«; »Bitte, können Sie mir sagen ...« sind ebenfalls taugliche Kontaktaufnahmen.

S Statement abgeben
Hier geht es um das Gesprächsthema. Am besten, Sie beginnen mit etwas, was sich auf den Rahmen bezieht, in dem Sie sich beide gerade befinden: Haltestelle, Fortbildung, Betriebsfeier oder Ähnliches. Erklären Sie zum Beispiel, warum Sie dieses Seminar besuchen oder in welcher Abteilung Sie arbeiten.

F Frage stellen
Mit einer Frage zeigen Sie Interesse an Ihrem Gegenüber und erleichtern ihm, mit Ihnen ins Gespräch zu kommen. Sie können Ihr Statement zum Beispiel mit der Frage abschließen, in welcher Abteilung der andere arbeitet. Oder Sie fragen nach seiner Meinung: »Sind Sie denn zufrieden mit der neuen Betriebskantine?« Bei Kollegen kann die Frage auch in die private Richtung gehen, beispielsweise: »Ich habe gehört, Sie haben Medizin studiert? An welcher Uni waren Sie?« oder »Ich habe gesehen, dass Sie immer mit dem Fahrrad zur Arbeit kommen. Wie weit haben Sie es denn?« Jetzt kann Ihr Gegenüber reagieren und der Smalltalk ist eröffnet.

Gesprächsvertiefung

Sie haben ein nettes Gespräch gestartet, doch nach wenigen Sekunden geht Ihnen der Gesprächsstoff aus; es herrscht **Schweigen**. Wie gehen Sie mit solchen Situationen um, wie vertiefen Sie gekonnt ein Gespräch? Ergreifen Sie in so einer Situation selbst die **Initiative** und erzählen Sie eine kurze (!) Geschichte über ein interessantes Ereignis der letzten Tage oder berichten Sie, worauf Sie sich in nächster Zeit besonders freuen. So lassen Sie Ihren Gesprächspartner an Ihrem Leben teilhaben; das schafft Vertrauen. Anschließend stellen Sie wieder eine kurze Frage.

Und was ist, wenn Sie auf eine Frage **keine Antwort wissen?** Gerade in beruflichen Situationen kann das leicht passieren. Die erste Regel lautet dann: Zeit gewinnen. **Floskeln** wie »Das ist eine sehr interessante Frage! Da muss man sicherlich verschiedene Aspekte berücksichtigen« verschaffen Ihnen einige Denksekunden. Vielleicht haben Sie ja Glück, und Ihr Gegenüber wird ungeduldig. Dann beantwortet er wahrscheinlich die Frage lieber selbst.

Auch **Gegenfragen** oder die Bitte, die Frage näher zu erläutern, verschaffen Ihnen einen Denkvorsprung. Manche umschiffen unerwünschte Fragen auch dadurch, dass sie einfach mehr oder weniger elegant **zu anderen Themen übergehen.** Am besten funktioniert dies bei mehrteiligen Fragen, die sich auseinander nehmen lassen. Wer besonders geschickt ist, eröffnet eine Diskussion um das Thema, indem er kontroverse Aspekte in den Raum stellt und den Gesprächspartner so dazu bringt, Stellung zu beziehen.

> Grundsätzlich gilt beim Smalltalk: Senken Sie Ihren Anspruch an sich selbst. Sie müssen nicht die intelligentesten Fragen stellen oder die interessantesten Geschichten erzählen. Finden Sie aus der Situation heraus einen Anknüpfungspunkt, sagen Sie nur relativ kurz etwas und fragen Sie dann Ihr Gegenüber – und der Dialog bleibt in Bewegung.

Gesprächsausstieg

Um den Smalltalk zu einem gekonnten Abschluss zu führen, setzen Sie ihm ein freundliches und positives Ende. So wirken Sie professionell und verbindlich; der positive Eindruck des Gespräches wird bestehen bleiben.

Ein selbstbewusster Gesprächsausstieg könnte wie folgt aussehen (kleine Notlügen sind erlaubt):

▶ »Ich habe mich sehr gefreut, Sie kennen zu lernen! Bestimmt haben wir demnächst einmal Gelegenheit, an unsere Unterhaltung anzuknüpfen. Entschuldigen Sie mich jetzt bitte, denn dort drüben sehe ich gerade eine gute Bekannte, die ich unbedingt begrüßen möchte. Einen schönen Abend noch!«

▶ »Das war ja sehr interessant, vielen Dank für das nette Gespräch. Jetzt muss ich doch mal sehen, ob ich mit Frau Müller noch ein paar Worte wechseln kann …«

▶ »Jetzt packt mich aber der Appetit. Ich denke, ich werde nun mal ans Büfett gehen. Ihnen zunächst noch einen schönen Abend und danke für die anregende Unterhaltung.«

Dabei gilt: Gleiches Recht für alle! Auch Ihr Gesprächspartner hat das Recht, das Gespräch zu beenden und sich mit anderen Personen zu unterhalten. Reagieren Sie daher nicht erstaunt oder gar beleidigt, wenn er sich von Ihnen verabschiedet!

Smalltalk-Themen
Viele Themen eignen sich für den Smalltalk. Hier einige Beispiele:

▶ allgemeine Angelegenheiten, die sich aus der Situation ergeben (Wetter, Weg, aktuelles Geschehen)

▶ Ihre Lieblingsthemen wie beispielsweise Reisen, Hobbys, Psychologie, Tiere

▶ anspruchsvolle Inhalte wie Kultur oder Weltgeschehen

Im Smalltalk geht es vorrangig darum, Sympathien zu gewinnen, einen ersten positiven Kontakt herzustellen. Und dazu sind Themen, die kontroverse Meinungen hervorrufen, nicht geeignet. Politik, Geld, zwischenmenschliche Beziehungen oder Krankheiten eigenen sich eher nicht für einen netten Plausch. Auch Klatsch und Tratsch oder persönliche Probleme sollten Sie insbesondere im beruflichen Kontext vermeiden.

Herr Kollar spricht mit seinem Vorgesetzten

Herr Kollar ist aufgeregt. Er schläft schlecht, wacht mitten in der Nacht auf und kann kaum wieder einschlafen. Am Montag kommt sein Vorgesetzter, Herr Ehlers, aus dem Urlaub zurück. Spätestens am Mittwoch will er ihn ansprechen, so viel Zeit muss er ihm zum Wiedereinleben in den Firmenalltag geben. Er hat sich von der Sekretärin bereits einen Termin für nachmittags eintragen lassen und sogar den Besprechungsraum reserviert, denn im Büro seines Chefs kommt es ständig zu Unterbrechungen, das Telefon klingelt oder die Sekretärin erscheint. Herrn Kollar ist das Gespräch aber sehr wichtig, daher will er mit ihm möglichst ungestört reden können.

Die Gesprächsinhalte und seine Argumente hat er ausgiebig mit seinem ehemaligen Vorgesetzten diskutiert. Und wie er sprechen will auch, nämlich ruhig und sachlich, klar und präzise, ohne allzu deutliche Unsicherheit oder gar Furcht. Das ist natürlich alles einfacher gesagt als getan.

Um sich gedanklich zu sortieren, macht sich Herr Kollar schriftliche Notizen. Sein Ziel ist, seinen Chef davon zu überzeugen, dass er ein engagierter Mitarbeiter ist, der an sich arbeiten will und kann. Und dass er mit Unterstützung seines Vorgesetzten die Umsätze wieder steigern wird. Seine Argumente dafür sind seine nachweislichen früheren Erfolge, seine hohe Kundenorientierung und sein Wille, wieder etwas zu bewegen.

Zuerst wird er jedoch die Ausgangssituation beschreiben, den Ist-

Zustand. Hier will er mit seiner persönlichen Lage anfangen: dass er sich, seit Herr Ehlers da ist, unsicher fühlt, an sich zweifelt und sich seine Vorwürfe sehr zu Herzen nimmt. Er würde gern sein Verhalten ändern, weiß jedoch nicht wie. Ohne Ironie oder Bissigkeit will er einfach und klar darlegen, wie er sich fühlt. Ferner möchte er auch beschreiben, wie es derzeit im Vertrieb im Autohaus läuft. So will er kurz darauf eingehen, dass kaum noch neue Kunden das Autohaus aufsuchen, dass die neuen Modelle einige ernst zu nehmende Unzulänglichkeiten haben und selbst der Service im eigenen Unternehmen nachgelassen hat. Zusammen mit seiner persönlichen Situation bewirken auch diese Faktoren ein Nachlassen seiner Umsätze.

Anschließend möchte er aufzeigen, welche Lösungsmöglichkeiten es geben könnte. Diese will er gemeinsam mit seinem Chef diskutieren. Er möchte hinterfragen, welche Erwartungen Herr Ehlers an ihn hat und wie er diese erfüllen könnte. Herr Kollar will anbieten, an seiner Verkaufstechnik zu arbeiten. Er könnte vielleicht erfolgreiche Kollegen bei deren Verkaufsgesprächen begleiten und von ihnen lernen.

Auch für die Situation im Autohaus hat er Verbesserungsvorschläge. So könnte man, um mehr Kunden anzulocken, einen Tag der offenen Tür anbieten, wo alle Automodelle vorgestellt und Probe gefahren werden dürfen. Um den Service zu steigern, so sein Vorschlag, sollte man alle Kunden, die bereits ein Auto gekauft haben, nach einiger Zeit erneut anrufen, ob alles in Ordnung sei. Das würde helfen, viel des Unmutes, aber auch der Unzulänglichkeiten aufzufangen. Herr Kollar schreibt alles auf, was er ansprechen möchte, welche Handlungen dafür von wem erfolgen müssten und was zuerst getan werden sollte.

Mittwochmorgen wendet sich Herr Kollar wie geplant an seinen Chef und fragt nach dem Gesprächstermin. Sein Vorgesetzter weist ihn unwirsch an, umgehend Platz zu nehmen. Herr Kollar lehnt höflich ab und erklärt, dass er gern in Ruhe eine halbe Stunde mit ihm am Nachmittag sprechen möchte, im Besprechungsraum. Erstaunlicherweise lässt sich sein Vorgesetzter ziemlich schnell darauf ein. Der Start war schon mal ganz gut, denkt sich Herr Kollar.

Trotz Herzklopfens verläuft auch das verabredete Gespräch am Nachmittag recht gut. Herr Kollar bittet zunächst darum, kurz sein Anliegen vortragen zu dürfen, ohne Unterbrechungen seines Gegenübers. Dann ist sein Vorgesetzter dran. Herr Ehlers erläutert nun seine Sicht der Dinge: Herr Kollar sei ihm als bester Verkäufer präsentiert worden, der auch in der Lage gewesen wäre, die Verkaufsleitung zu übernehmen. Dann die Enttäuschung, dass es im Autohaus nicht so laufen würde, wie es ihm dargestellt worden sei. Er sei dafür eingestellt worden, die Verkaufszahlen wieder nach oben zu bringen, und nun sei das Geschäft sogar eher rückläufig. Wenn es so weitergeh, müsse er bald jemanden entlassen.

Trotz des Schocks über diese letzte Bemerkung: Herr Kollar versteht nun, dass sein Vorgesetzter ihn nicht bewusst schikaniert hat, sondern selbst deutlich unter Druck steht und zum Teil deshalb so handelt. Sie diskutieren miteinander, was man wie verbessern könnte. Auch wenn sie nicht in allen Punkten übereinstimmen, so scheint doch eine gewisse gemeinsame Basis vorhanden zu sein. Anschließend fassen sie alle beschlossenen Punkte schriftlich zusammen.

Sein Chef gibt ihm zu verstehen, dass er es gut findet, dass Herr Kollar ihn angesprochen hat. Er möchte seinen Mitarbeiter gern unterstützen und wird versuchen, mit ihm Lösungen zu finden. Herr Kollar sagt, dass er jetzt die Handlungsweisen seines Chefs besser nachvollziehen kann und sich wünscht, dass sie gemeinsam wieder erfolgreich im Vertrieb werden. Beim Verabschieden schlägt Herr Ehlers ihm kameradschaftlich auf die Schulter

Das Gespräch hat über zwei Stunden gedauert. Herr Kollar ist erleichtert. Er hat sich gut geschlagen, seine Vorbereitung hat sich wirklich gelohnt. Als Belohnung geht er abends mit seiner Frau essen. Diese freut sich über den entspannten Abend. Trotz der Ankündigung, dass eventuell jemand im Verkauf gehen muss, schläft Herr Kollar so gut wie lange nicht mehr. Er ist positiv gestimmt, dass sich die Situation retten lässt.

Herr Kollar folgt den Handlungsempfehlungen für erfolgreiche Gespräche:

1. Er überlegt, was sein Kommunikationsziel ist (den Chef überzeugen, dass er ein guter und engagierter Mitarbeiter ist), formuliert daraus überzeugende Botschaften und untermauert diese mit Argumenten.
2. Er bereitet sich gut auf das Gespräch vor (inhaltlich, Zeitpunkt, Ort; er hat aktiv für eine ungestörte Gesprächsatmosphäre gesorgt).
3. Er benennt so objektiv wie möglich die Ausgangssituation, beschreibt den Ist-Zustand, die Sach- und Interessenlage.
4. Er unterteilt das Hauptthema in Teilaspekte, um leichter eine Übereinstimmung erzielen zu können,
5. benennt so sachlich wie möglich die Probleme
6. und die Ursachen dafür.
7. Anschließend diskutiert er mit seinem Chef über Veränderungsmöglichkeiten und Lösungsansätze.
8. Dann werden alle Gesprächsergebnisse zusammengefasst.
9. Indem er auf seinen Vorgesetzten eingeht, sorgt er für einen positiven und ermutigenden Gesprächsabschluss.

Die glücklichsten Menschen haben nicht das Beste
von allem, sie machen das Beste aus allem.
unbekannt

4. GEBOT: RÜCKEN SIE SICH INS RICHTIGE LICHT!

Neben dem unbedingt notwendigen Maß an Selbstvertrauen und der Fähigkeit, sympathisch aufzutreten (der Schlüssel zum Mitmenschen) sowie gewinnend, weil überzeugend zu kommunizieren ist die Werbung in eigener Sache zunehmend wichtig, um im Berufsleben zu bestehen. Nur wer die eigene Persönlichkeit kennt, seine Stärken betont und sich selbst und seine Leistung erfolgreich präsentieren kann, wird entsprechend positiv wahrgenommen.

Entwerfen Sie ein Selbstmarketingkonzept und üben Sie, sich und Ihre Arbeit so optimal wie möglich zu präsentieren. Dabei konzentrieren Sie sich zunächst auf Ihre eigene Persönlichkeit, Ihre Fähigkeiten und Ihre Wirkung auf andere. Anschließend setzen Sie diese Kenntnisse um und kreieren ein Image, das zu Ihnen, Ihren beruflichen Zielen und der Sie umgebenden Zielgruppe passt.

Stichworte: PR in eigener Sache – verbessern Sie Ihre Selbstmarketingstrategie

Elisabeth Herbst arbeitet seit über zehn Jahren als kaufmännische Angestellte in einem großen Chemiekonzern. Sie ist geschieden, hat zwei Kinder, die bereits aufs Gymnasium gehen, und lebt seit fünf Jahren glücklich mit ihrem neuen Lebenspartner in einer festen Beziehung. Elisabeth wandert gern und sammelt Pinguinfiguren in allen möglichen Formen und Variationen.

Beruflich ist Elisabeth sehr engagiert, gewissenhaft, ja nahezu akribisch. Sie hat viele Pläne und Ideen, die sie gerne an ihrem Arbeitsplatz umsetzen würde. Jedoch ist Elisabeth in ihrer Art und ihrem Auftreten eher unbeholfen. Sie ist schüchtern, kann kaum einen Blickkontakt halten. Ihr Kleidungsstil ist adrett-unauffällig, oft übersieht man sie in ihren grauen, unscheinbaren, biederen Kostümen. Sie spricht mit viel zu leiser Stimme. Da es ihr unangenehm ist, auf sich selbst aktiv aufmerksam zu machen, benutzt sie häufig relativierende Wörter wie »vielleicht«, »wäre« oder »könnte«. In Meetings, insbesondere in der Gegenwart von ihr nicht so gut bekannten Personen, fühlt sie sich äußerst unwohl; am liebsten arbeitet sie allein für sich ganz konzentriert an ihrem Schreibtisch. Selbstmarketing ist für sie insgesamt ein Fremdwort und scheint ihr eher in die Welt der Stars oder Profilneurotiker zu gehören.

In ihrer Abteilung hat Elisabeth deshalb in den vergangenen Jahren immer wieder bittere Erfahrungen gemacht: Obwohl sie gute Ideen zur Verbesserung der Arbeitsabläufe hatte, fand sie keinen Weg, sie ihren Vorgesetzten überzeugend zu präsentieren. Wenn sie jedoch Kollegen davon erzählte, konnte es passieren, dass diese zum Chef gingen – und mit Elisabeths Anregungen punkteten. Sie musste mit ansehen, wie viele ihrer Ideen erfolgreich umgesetzt wurden; leider nicht von ihr, sondern von anderen, die daraufhin belobigt wurden. Innerlich regte sie das sehr auf, äußerlich war ihr nichts anzumerken. Und die Ungerechtigkeit klärte sie nie auf. Wie hätte sie es auch ihren Kollegen oder ihrem Chef sagen sollen? Kritikgesprächen geht sie möglichst aus dem Weg, sie hasst Auseinandersetzungen am Arbeitsplatz.

Zunehmend ist Elisabeth jedoch unzufrieden mit sich und ihrer Situa-

tion. Viele Kollegen, die wesentlich weniger leisten als sie, wurden schon befördert, erhalten Weiterbildungen oder bekommen Prämien für Verbesserungsvorschläge, die eigentlich von Elisabeth stammen. Gern möchte sie sich und ihr Verhalten ändern, weiß sie doch, dass sie gute Arbeit leistet, jedoch immer wieder unterschätzt oder übervorteilt wird. Wie kann sie sich, ihre Ideen und Fähigkeiten geschickt präsentieren, ohne sich lächerlich zu machen oder in den Vordergrund zu drängen? Wie kann sie die Kollegen und ihren Chef dazu bringen, ihre Arbeit und ihre Person mehr zu schätzen? Was ist der richtige Weg für sie?

Tröstlich: Elisabeth ist bereits auf dem richtigen Weg, wenn auch erst am Anfang. Sie hat ihre Situation selbstkritisch reflektiert und will etwas ändern. Am Beginn steht immer die vielleicht schmerzliche, aber notwendige Erkenntnis. Sie begreift: Nicht nur was sie kann, sondern vor allem wie sie es präsentiert ist in ihrem Job von höchster Bedeutung. Daran kann man, ja, daran *sollte* man ständig feilen. Stets gilt es zu bedenken: Wie präsentiere ich mich und meine Leistungen? Nicht aufdringlich, übertrieben und damit unangenehm oder gar unglaubwürdig, sondern subtil, geschickt, so dass man positiv, sympathisch, leistungsstark und vor allem kompetent wahrgenommen wird. Ziel ist es, bei anderen einen bleibenden Eindruck zu hinterlassen und ein positives Image zu verankern.

Die Marke »Ich«

Im Supermarkt gibt es viele Konkurrenzprodukte, die alle eine ähnliche Qualität bieten, ob Waschmittel, Mineralwasser oder Marmelade. Wer kann schon die verschiedenen Colasorten im Blindtest unterscheiden? Und doch ist kein

Produkt wie das andere: Jedes kämpft mit einer anderen Verpackung und einer individuellen Werbung um seinen Platz in Ihrem Einkaufswagen. Die Produkte unterscheiden sich also vor allem in ihrer Kommunikation für sich selbst und werden somit als eigenständige Marken wahrgenommen. Sie kaufen nicht irgendein Waschmittel, sondern sind genau von diesem oder jenem überzeugt, Sie wählen bewusst Ihr Mineralwasser und entscheiden sich immer wieder für Ihre Lieblingsmarmelade.

Übertragen wir diesen Ansatz auf die Arbeitswelt: Warum sollten Sie es nötig haben, sich so ins rechte Licht zu rücken? Zählt denn nicht allein Ihre Arbeitsleistung?

Leider nein. Bei Mitarbeitern fällt unter den gleichwertig qualifizierten derjenige auf, der in angemessener Weise auf sich aufmerksam macht. Es geht hierbei nicht um lautstarke Profilneurose, sondern um das Erkennen und Anwenden gewisser Spielregeln. Wer sein berufliches Profil kennt und schärft und geschickt ins rechte Licht zu rücken weiß, hat deutlich bessere Chancen, seinen Job zu sichern oder einen neuen Arbeitsplatz zu erobern. [15]

In den folgenden Abschnitten werden wir Ihnen nahe bringen, wie Sie sich selbst als »Unternehmer« sehen, der seine Dienstleistung im Arbeitsmarkt platzieren will. Ihre Dienstleistung, das ist Ihr Können und Ihre Erfahrung, das ist Ihr Verkaufsangebot. Im Anschluss werden wir Ihnen zeigen, wie Sie Ihr berufliches Profil erfolgreich nach außen präsentieren.

Bei der Schärfung Ihres beruflichen Profils geht es vor allem darum, die eigenen Fähigkeiten und Kernkompetenzen zu ermitteln, um diese positiv darzustellen – und so für sich und Ihre Leistungen erfolgreich zu werben. Nur so machen Sie positiv auf sich aufmerksam und heben Sie sich deutlich vom Durchschnitt der anderen Anbieter ab. Und nur so gewinnen Sie an Kontur, an Schärfe, vermitteln ein klares Bild von Ihrer besonderen Kompetenz, Ihrer hohen Leistungs- motivation und von Ihrer netten, vertrauens- und liebens- würdigen Person.

Es liegt auf der Hand: Wer von anderen »an-erkannt« wird, steht besser da. So jemanden möchte man einfach nicht mis- sen, weder am Arbeitsplatz noch im privaten Bereich.

Um nochmals auf unser Ausgangsbild, die Markenproduk- te, zurückzukommen: Ist uns ein Leben vorstellbar ohne Nivea, Persil und Coca-Cola? Sicher! Aber bitte nur im Notfall.

Menschen tendieren dazu, uns in bestimmte Schubladen ein- zuordnen. Da gibt es den »Lösungsorientierten«, den »Verkäu- fer«, den »Berater«, die »Kreative«. Jede Person steht in ihrer so- zialen Umgebung für einen besonderen Charakterzug, eine bestimmte Fähigkeit und das dazugehörige Know-how. Wenn Sie möchten, dass Sie von Anfang an positiv mit einer speziel- len Eigenschaft wahrgenommen werden, sollten Sie diese auch im Rahmen des Selbstmarketings ganz bewusst betonen.

Mentale Grundlage

Bevor wir den Weg zur Marke »Ich« beschreiben, geht es wieder um die wichtigste mentale Grundlage: Ihre Selbst- kenntnis und das dazugehörige positive, stabile Selbstwert- gefühl. Wer für sich selbst Marketing machen will, braucht eine fundierte Basis, die auch bei Gegenwind standhaft bleibt. Kurzum, man muss überzeugt sein von sich und sei- nen Fähigkeiten, um andere überzeugen zu können. Nur wer weiß, was er kann und was nicht, ist in der Lage, sich ent- sprechend im Berufsleben zu positionieren. Der Glaube an uns selbst prägt ganz wesentlich das eigene Selbstbild, das wir dann auf andere Menschen positiv ausstrahlen können.[16]

Und schon sind wir wieder beim Selbstbewusstsein, der Sympathiemobilisierung und der Kontakt- und Kommunikationsfähigkeit angelangt, die wir Ihnen in den vorangegangenen Kapiteln vorgestellt haben. Diese Merkmale und Ressourcen, diese für die Arbeitswelt absolut wichtigen Eigenschaften und Fähigkeiten sind miteinander auf vielfältige Weise verwoben. Selbstbewusstsein, Sympathie, Kommunikation und die Fähigkeit, sich ins richtige Licht zu setzen, spielen wie die Musiker in einem Orchester zusammen und ergeben gut einstudiert, genügend erprobt und kompetent dirigiert einen harmonischen, überzeugenden Klang.

Doch was können Sie aktiv tun, um Ihr Selbstwertgefühl hinsichtlich Ihrer eigenen Persönlichkeit und Leistungen zu stärken, um sich selbst ins rechte Licht zu setzen? Es sind vor allem diese drei weichenstellenden Erfahrungen, die Ihnen bei der Selbsterkenntnis und Entwicklung eines stabilen Selbstwertgefühles in der Arbeitswelt helfen werden:

► Finden Sie Ihre **eigenen Kriterien zur Bewertung** Ihrer Arbeitsleistung. Dadurch stärken Sie nicht nur das eigene Selbstwertgefühl, sondern machen sich auch unabhängiger von der Meinung Ihrer Vorgesetzten. Entwickeln und stärken Sie Ihr Einschätzungsvermögen, wann etwas sehr gut, recht gut, wirklich ordentlich oder weniger befriedigend bis schlecht gelaufen ist, für das Sie Verantwortung tragen.

► Zeigen Sie einen **professionellen Umgang mit Fehlern**. Fehler passieren jedem, vom Fabrikarbeiter bis zum Vorstandsvorsitzenden. Lediglich der Umgang mit den eigenen Fehlern kann Menschen (positiv) unterscheiden. Geben Sie etwaige Fehler also ruhig zu, versuchen Sie sie bestmöglich zu korrigieren und in der Zukunft nicht zu wiederholen. Lernen Sie daraus!

▶ Werden Sie **aktiv**, bevor andere über Sie entscheiden. Gehen Sie mit offenen Augen durch das Berufsleben, nutzen Sie Chancen und bestimmen Sie Ihren Weg weitestgehend selbst. Sie werden erstaunt sein, was Sie alles entscheiden, was *Sie* bestimmen können.

Selbstkenntnis

Wären Sie Unternehmer und würden ein Produkt herstellen, müssten Sie genau darüber Bescheid wissen, um es überzeugend präsentieren und dadurch bestens verkaufen zu können. Logisch!

Bei genauer Betrachtung *sind* Sie Unternehmer(in) – auch wenn Sie jetzt denken: »Ich arbeite doch lohnabhängig ...?« Sie geben Ihre Arbeit, Sie verkaufen eine Dienstleistung (Ihr Spezialwissen, Ihr Know-how). Sie wollen und müssen Ihre Kunden, allen voran Ihren Hauptabnehmer (Ihren Chef oder Vorgesetzten), von sich und Ihrer Dienstleistung überzeugen – jetzt und zukünftig! Und diese Leistung sollte eben nicht beliebig austauschbar sein. Denn Sie wollen nicht ausgetauscht oder ersetzt werden. Genau darum dreht es sich hier: um das Marketing in eigener Sache, die Selbst-PR, das Bewusstsein, sich selbst aktiv ins rechte Licht zu rücken.

Coca-Cola, Nivea und Persil sind unverwechselbar, auch wenn es andere Erfrischungsgetränke, Cremes und Waschmittel in dieser Klasse gibt. Und Sie sind es auch. Verdeutlichen Sie sich das immer wieder. Der Glaube kann Berge versetzen! Das bedeutet für Sie und Ihre Dienstleistung: Sie müssen Ihre Kompetenzen und Stärken kennen und wissen, worüber Sie reden. Nur so können Sie Ihr Gegenüber auf ganz gezielte Weise ansprechen, überzeugen und sich schließlich unentbehrlich machen.

Führen Sie sich immer wieder erfolgreiche berufliche Etappen vor Augen und überlegen Sie sich für jede Ihrer beruflichen Stationen eine kleine Geschichte zur Illustration, wie Sie erfolgreich Probleme bewältigen. Sie sollten Beweise für bestimmte **berufliche Erfolge** auf Abruf **erzählen können**. Suchen Sie nach dem, was Sie in der Vergangenheit am meisten motiviert hat und was Sie für die Zukunft fasziniert. Wenn Sie sich hierüber bewusst werden, können Sie es auch in Gesprächen ganz bewusst kommunizieren und damit entscheidend an dem Bild mitwirken, das Sie bei anderen hinterlassen.

Setzen Sie sich schriftlich (!) mit diesen Fragen auseinander und konzentrieren Sie sich dabei auf das, was Sie bereits gut können und gerne machen:

▶ Welche persönlichen Eigenschaften, Merkmale kennzeichnen Sie? Es geht um Ihre Wesensart, die Sie positiv von anderen unterscheidet.

▶ Was sind Ihre Stärken und wo genau werden diese gebraucht? Hier geht es um Ihre Fähigkeiten, um beruflich nutzbares Potenzial.

▶ Was traut man Ihnen zu und was Sie sich selbst? Es geht um Ihr Selbstbild, um Ihr Image.

▶ Wie sehen Ihre beruflichen Ziele, wie Ihre Träume aus? Es geht um Ihre Vorstellungen, Visionen, um Ihre Arbeitsphilosophie.

▶ Und: Welches Image wollen Sie haben?

Ihre Bestandsaufnahme sollte Antworten auf folgende Fragen geben: Wer bin ich? Was biete ich an? Was sind meine stärksten Begabungen, Fähigkeitsmerkmale und Kernkompetenzen? Worin unterscheide ich mich hierin gegenüber anderen? Wo will ich hin und wie will ich wirken?

Versuchen Sie, in jeweils etwa fünf Stichpunkten Ihre High-lights (oder Kernkompetenzen) darzustellen und mit Bei-spielen zu erläutern. So können Sie lernen, Ihr »Angebot« auch entsprechend nach außen zu kommunizieren.

> Ein vernünftiges Maß an Selbstvertrauen und der Glaube an die eigenen Fähigkeiten sind auch hier die wichtigste Aus-gangsbasis![17]

Zur Erinnerung: PR und Marketing in eigener Sache
Gute Umgangsformen, wie beispielsweise auch die Fähig-keit, leicht mit vielen Menschen in Kontakt und ins Ge-spräch zu kommen (Stichwort Smalltalk), sind entschei-dende Pluspunkte, wenn es um das berufliche Fortkommen geht, wenn Sie aktiv Marketing und PR in eigener Sache be-treiben.

Es ist enorm wichtig, im sozialen Kontakt mit anderen ein positives, authentisches Image von sich selbst zu transpor-tieren. Dieses Bild wird durch den ersten Eindruck geprägt, durch die direkte Kommunikation, aber auch durch die in-direkten Informationen, die andere über Sie erhalten.

Vermitteln Sie die richtigen Signale und erzielen Sie die Wir-kung, die Sie sich wünschen? Setzen Sie sich intensiv mit dem eigenen Selbstbild und dem Bild, das andere von Ihnen haben, auseinander. Gibt es Anteile Ihrer Person, die andere wahrnehmen, die Ihnen jedoch selbst nicht bewusst sind? Sie sind in Unterhaltungen zum Beispiel schnell unkonzen-triert und spielen dann mit Ihrer Uhr? Oder wenn Sie etwas Unangenehmes sagen, fangen Sie immer mit »ähm, ääh« an? Solche Verhaltensweisen, die Ihnen selbst nicht bewusst sind, können zu falschen Annahmen, Missverständnissen und Fehlinterpretationen führen. Dieser so genannte »blin-de Fleck« wird für Sie sichtbar, wenn Sie sich das Feedback anderer einholen. Diese können Ihnen wichtige Hinweise auf unbewusste Anteile Ihrer Person geben, und Sie erhalten die Möglichkeit, Ihr Selbstbild mit dem Fremdbild abzugleichen. Damit Ihre Forderung nach Feedback auch positive Wirkung zeigt, ist folgendes wichtig:

▶ Lassen Sie Ihr Gegenüber ausreden, hören Sie ruhig zu und verschaffen Sie sich ein vollständiges Bild von dem, was der andere sagen will.
▶ Rechtfertigen oder verteidigen Sie sich nicht. Der andere beschreibt lediglich seine Wahrnehmung und die Wirkung, die Sie auf ihn haben. Das können Sie nicht dadurch ändern, dass Sie sich und Ihr Verhalten erklären.
▶ Stellen Sie Fragen, wenn Sie etwas nicht verstehen.
▶ Bedanken Sie sich für das Feedback, selbst wenn Sie mit dem Inhalt und der Form nicht einverstanden sind.

Was können Sie noch tun, um sich im Umgang mit Kollegen und Vorgesetzten ins richtige Licht zu rücken? Wie sollte Ihre »Marketing-Kommunikationsstrategie« lauten?
Networken[18] **Sie:** Pflegen Sie bestehende und knüpfen Sie neue Beziehungen. Gewinnen Sie Multiplikatoren, die Ihre besonderen Eigenschaften erkennen und weiterkommunizieren. So bleiben Sie und Ihre Fähigkeiten im Gespräch; Ihr Bekanntheitsgrad im Unternehmen erhöht sich.
Zeigen Sie Präsenz und Kompetenz: Nehmen Sie regelmäßig an Meetings, Besprechungen und firmeninternen Veranstaltungen teil. Signalisieren Sie Interesse, indem Sie aktiv Ideen und Gedanken einbringen.
Zeigen Sie Verantwortung: Erledigen Sie die Ihnen gestellten Aufgaben gewissenhaft und zuverlässig. Überlegen Sie, wie Sie Prozesse optimieren oder Ausgaben einsparen können. Zeigen Sie sich verantwortlich für das, was in Ihrem

Unternehmen passiert. Von Ihrem Engagement werden Sie in Krisenzeiten profitieren.

Engagieren Sie sich auch außerhalb der Firma: Egal ob Sie Artikel für Fachzeitschriften schreiben oder sich ehrenamtlich bei einer sozialen Organisation engagieren – trainieren Sie Ihren Auftritt, schärfen Sie Ihr Profil!

Kommunizieren Sie Ihre Leistungen: Informieren Sie Ihren Vorgesetzten von Zeit zu Zeit über besondere Arbeitserfolge, Ideen und Innovationen. Berichten Sie jedoch nur über solche Ergebnisse, die Sie von anderen Mitarbeitern herausragend unterscheiden.

Achten Sie auf Ihre Selbst-Kommunikation: Berichten Sie positiv und überzeugt von sich. Machen Sie sich nicht kleiner, als Sie sind.

Exkurs: Gekonnt präsentieren

Egal ob es ganz gezielt um Ihre persönliche Kommunikationsstrategie in Sachen Selbstmarketing geht oder einfach nur darum, dass Sie eine Rede oder Präsentation halten sollen, im Folgenden finden Sie einige Empfehlungen, wie Sie sich und Ihre Persönlichkeit beim öffentlichen Auftreten besser zur Geltung bringen. So wirken Sie souverän und gelassen, und damit kommen Sie gut an. Schließlich präsentieren Sie immer mindestens zwei Dinge: das Thema und sich selbst. Drei Faktoren sind für eine professionelle Präsentation/ Rede von Bedeutung[19]:

1. Gekonnt Aufmerksamkeit erwecken:
   - ▸ die Wichtigkeit des ersten Eindrucks einer Person bedenken
   - ▸ die passende Körpersprache finden
   - ▸ Souveränität in allen Situationen zeigen
   - ▸ den richtigen Abgang wählen

2. Seine Anliegen verständlich formulieren:
   ▶ die passende Gliederung finden
   ▶ gute Argumente parat haben
   ▶ nützliche Informationen auf Abruf präsentieren können
   ▶ eine prägnante, ruhige Erzählweise mit dem Mut zur Pause

3. Seine Zielgruppen unterhalten können:
   ▶ die Erwartungen der Zuhörer verstehen
   ▶ die Zuhörer aktiv mit einbeziehen
   ▶ mit Einwänden gekonnt umgehen
   ▶ abwechselnd Emotionen und Verstand ansprechen

Um dies alles zu beherzigen, brauchen Sie Vorbereitung, Vorbereitung, Vorbereitung.[20]

Auch bei Präsentationen gilt: Das Wie ist wichtiger als das Was!

Und wieder hilft die Körpersprache

Ihre Körpersprache ist wichtiger Bestandteil Ihrer Präsentation und wird entsprechend von Ihrem Publikum registriert. Aufgrund Ihrer Haltung, Ihrer Bewegungen oder Ihres Gesichtsausdrucks wird interpretiert, in welcher Verfassung Sie sind, welche Stimmung oder Motive Sie haben. Besonders die Körperhaltung ist hierbei von Bedeutung: Wer mit gesenktem Kopf und hängenden Schultern durchs Leben geht, lässt wenig Optimismus und visionäre Kraft erkennen.

▶ Gehen Sie angemessen schnell (signalisiert freudige Stimmungslage, Energie), gelassen und aufrecht zu dem Ort (zum Beispiel Rednerpult), von dem aus Sie Ihre Präsentation halten.

▸ Schauen Sie freundlich.
▸ Stellen Sie sich aufrecht hin, mit beiden Beinen fest auf dem Boden (leicht geöffnet, cirka 20 cm auseinander).
▸ Schauen Sie ins Publikum und warten Sie mindestens 20 Sekunden, bevor Sie anfangen.
▸ Verzichten Sie darauf, sich auf das Rednerpult zu stützen oder sich deutlich am Tisch festzuhalten. Diese Körperhaltungen erzeugen schnell den Eindruck von Arroganz, Missachtung oder Unhöflichkeit.

Auch **Mimik** und **Gestik** sind wichtig als Ausdruck von Engagement. Setzen Sie sie jedoch nicht übertrieben ein, anderenfalls wird man nur noch auf Ihre Hände achten.
Trainieren Sie Ihre **Stimme**. Diese ist ein wesentliches Instrument, um zu überzeugen und zu begeistern. Machen Sie Pausen, sprechen Sie lebendig.
Und: Nutzen Sie jede Chance, auch privater Natur, um freies Sprechen und Präsentieren zu üben!

Aussehen und Outfit

Auch äußerliche Attribute wie Figur, Kleidungsstil, Frisur oder Make-up können – in Maßen – Aufschluss über Charaktereigenschaften oder Stimmungen geben. Einer sportlichen, durchtrainierten Erscheinung wird mehr Energie unterstellt als jemandem, der sich mit überflüssigen Pfunden plagt und sich nur noch gemächlich bewegen kann. Besonders dem Outfit einer Person wird Beachtung geschenkt: Mit gepflegter Kleidung und ansprechendem Erscheinungsbild signalisieren Sie Ihrem Gegenüber Wertschätzung und drücken aus, wie wichtig Sie sich selbst sind. Nur wer mit sich selbst gut umgeht, behandelt auch andere Menschen entsprechend.

Mit bestimmten ästhetischen Signalen werden individuelle Einstellungen und Werte einer Person verbunden. Versuchen Sie deshalb, Ihr Äußeres auf den Dresscode Ihres Arbeitgebers sowie auf die von Ihnen zu vermittelnden Werte abzustimmen: kreativ oder konservativ, Einzelkämpfer oder Teamplayer, durchsetzungsstark oder zurückhaltend? Hier kommt es darauf an, die Wirkung gemäß Ihrer beruflichen Positionierung auch durch ein entsprechendes äußerliches Image zu kommunizieren.

In vielen Berufen gibt es einen (oft inoffiziellen) Dresscode: je höher die Position, je mehr Kundenkontakt, desto seriöser und hochwertiger. Der derzeitige Trend zu eher konservativen Werten in Unternehmen zeigt sich daran, dass viele Firmen wieder auf Anzügen bei ihren Führungskräften bestehen. Der aus den USA übernommene »Casual Friday« (am Freitag wurde das Wochenende eingeläutet und damit eine legere Kleidungsordnung gebilligt) spielt kaum noch eine Rolle in deutschen Unternehmen; die Erwartungen an das Erscheinungsbild der Mitarbeiter steigen.[21] Wenn Sie sich an diese Regeln halten und sich angemessen kleiden, können Sie in Ihrem beruflichen Umfeld für einen positiven Eindruck sorgen.

Angemessene Kleidung heißt, dass sie zum Anlass, zum Umfeld und zur Person passt. Mit der Kleiderwahl und der Art des Tragens vermitteln Sie einen Eindruck davon, was Sie darstellen. Seriöse, qualitativ hochwertige und modische Kleidung wirkt professionell; zusätzlich wird Kleidung, in der Sie sich wohl fühlen, Ihr Selbstbewusstsein steigern und Ihre Laune heben. Orientieren Sie sich grundsätzlich jedoch daran, was in Ihrem Betrieb getragen wird.

Männer sollten folgende Checkliste abarbeiten:

▶ Sind Ihre Schuhe sauber geputzt und ohne schief abgelaufene Hacken?
▶ Tragen Sie dunkle, nicht gemusterte Socken?
▶ Werden diese von Ihren Hosen ordentlich bedeckt (weder »Hochwasser« noch zu lang)?
▶ Ist Ihre Kleidung fleckenlos, faltenfrei und ordentlich?
▶ Ist sie farblich aufeinander abgestimmt, eher schlichte Muster und dunkle Farben?
▶ Sitzt Ihre Kleidung richtig und nicht zu eng?
▶ Passt Ihre Krawatte zum Rest Ihrer Kleidung und ist sie ordentlich gebunden?
▶ Sind Hände und Fingernägel sauber, Ihre Frisur gut in Schuss?
▶ Sind Sie ordentlich rasiert und duften wirklich nur dezent nach Rasierwasser?
▶ Tabu sind: Motivkrawatten, groß gemusterte Hemden, weiße Socken, ausgelatschte Schuhe.

Für Frauen gilt:

▶ Sind Ihre Schuhe nicht zu hoch, aber auch nicht zu sportlich?
▶ Sind Rock, Kleid, Kostüm angemessen lang?
▶ Ist Ihre Kleidung fleckenlos und ordentlich?
▶ Ist sie farblich aufeinander abgestimmt, eher schlichte Muster und dunkle Farben?
▶ Sitzt Ihre Kleidung richtig und nicht zu eng?
▶ Wirken Sie attraktiv, ohne zu viel auf Sexappeal zu setzen?
▶ Passt Ihr Schmuck zum Rest Ihrer Kleidung?
▶ Haben Sie sich auf wenige Accessoires beschränkt?

▶ Sind Hände und Fingernägel sauber?
▶ Sind Sie angemessen geschminkt und duften Sie wirklich nur ganz dezent?
▶ Ist Ihre Frisur gut geschnitten und wirkt gepflegt?

Tabu sind: zu viel oder zu auffälliges Make-up und Parfum, Netzstrümpfe, zu tief dekolletierte Ausschnitte, wilde Löwenmähnen, an jeder Hand vier Ringe, Miniröcke.

Und wichtig: Wissen Sie auch, wie Sie von hinten aussehen? Nutzen Sie Elemente des Selbstmarketings, die den **Wiedererkennungswert** erhöhen und die Kontinuität Ihrer Persönlichkeit unterstreichen. Dies können zum Beispiel bestimmte Accessoires sein, wie eine schöne Taschenuhr, ein eleganter Terminkalender oder ein extravaganter Füllfederhalter. Auch bestimmte Farben und Formen in der Kleidung (immer Nadelstreifenanzüge; nur Fliege statt Krawatte, bunte Schuhe et cetera) können Ihrem optischen Auftritt Individualität verleihen.

> Ihre Kleidung vermittelt die verschiedensten Faktoren: gesellschaftlichen und beruflichen Rang, Ideologie, Einstellung zu bestimmten Dingen sowie Ansehen und Macht.
> Joschka Fischer wählte in den 80er Jahren ganz bewusst ein Sportsakko und weiße Sportschuhe zur Vereidigung als grüner Minister, denn mit dieser äußeren Abgrenzung wollte er signalisieren: Ich bin auch innerlich anders als das Establishment. (Das hat er später als Außenminister geändert!)

Herr Kollar präsentiert vor der Geschäftsführung

Zwei Wochen sind seit dem klärenden Gespräch verstrichen. Herrn Kollars Situation hat sich etwas entspannt, dennoch fühlt er sich eher ignoriert als unterstützt. Sein Chef lässt sich kaum blicken, und wenn, sind die Gespräche auf das Wesentliche reduziert. Herr Kollar will sich

davon nicht entmutigen lassen und versucht in seinen Verkaufsgesprächen die neuen Techniken anzuwenden. Es klappt auch ganz
gut, er hat in den beiden letzten Wochen bereits zwei Pkw verkauft,
eine deutliche Steigerung. Dennoch hat er noch nicht einmal dazu
Feedback von seinem Chef erhalten. Dieser scheint sich eher um sich
selbst beziehungsweise um die anderen Mitarbeiter zu kümmern,
Herrn Wolf-Lüders und Herrn Schmitz.

Vielleicht sollte er es auch so machen wie die beiden, denkt sich Herr
Kollar. Die haben stets ihre aktuellen Verkaufsgespräche im Kopf,
sprechen von ihrer Zielerreichungsquote und berichten von den aktuellen Verkaufserlebnissen. Zum Beispiel wie sie Frau Scheuner davon
überzeugt haben, doch das neue Cabrio zu nehmen. Herr Wolf-Lüders
ist dabei sehr sympathisch, erzählt auch mal von Misserfolgen. Dennoch hängt hinter ihm im Büro ein Chart mit seinen Verkaufsum-
sätzen der letzten beiden Jahre. Und das spricht für sich. Kein Wunder,
dass er bei Herrn Ehlers als der »Verkaufspapst« gilt. Egal um was es
im Vertrieb geht, Herr Wolf-Lüders wird an jedem Projekt beteiligt,
seine Meinung zählt.

Auch Herr Schmitz ist bei Herrn Ehlers hoch angesehen. Der Mitarbeiter scheint immer genau zu wissen, was sein Vorgesetzter benötigt;
niedrige Verkaufszahlen erklärt er ruhig und sachlich anhand der
allgemeinen Marktentwicklung. Herr Schmitz hat Herrn Ehlers schon
oft aus der Patsche geholfen, indem er diese Zahlen auch bei der
Geschäftsführung vorgetragen hat. Ein souveräner Präsentations-
profi, der fast immer überzeugt.

Herr Kollar tut sich damit ziemlich schwer. Ihm liegt diese Konzentration auf die eigenen Leistungen nicht so. Er macht sich oft schlechter, als er wirklich ist, verhaspelt sich, wenn er von seinen Verkaufsver-
suchen und den strategischen Überlegungen berichtet. Als er gerade
dabei ist, ein Angebot für einen Kunden zu schreiben, kommt Herr
Ehlers an seinen Tisch: ob er in der nächsten Woche eine halbstündige
Präsentation vor dem Geschäftsführer und einigen anderen Füh-
rungspersonen halten wolle, Herr Schmitz sei im Urlaub. Da hätte er

gleich Gelegenheit, seine Ideen und Vorschläge einmal selbst vorzustellen.

Herrn Kollar wird leicht schwindelig. Er nickt und quetscht ein »sehr
gern« hervor. Herr Ehlers hastet weiter und ruft ihm noch kurz zu,
wann sein Auftritt erwartet wird.

Abends erzählt Herr Kollar die Geschichte seiner Frau. Diese springt
freudig auf. »Endlich«, meint sie, »deine Chance! Jetzt kannst du
zeigen, wer du bist und was du kannst.« Sie umarmt ihn, Herr Kollar
ist irritiert. Er formuliert seine Bedenken, er könne so etwas nicht,
angeben, wichtig tun, all dies hasst er. Und was hätte er denn schon
vorzuweisen? Seine Frau schaut ihn entschlossen an. »Du bist ein
intelligenter, engagierter, kundenorientierter und kompetenter Verkäufer, und das werden wir denen schon zeigen. Und überhaupt,
Herr Wolf-Lüders gibt doch auch nicht an und alle wissen von seinen
Erfolgen.« Sie gibt ihm einen Stift und einen Zettel. »Jetzt schreibst
du mal alles auf, was du gut kannst und was du in letzter Zeit für
die Firma getan hast. Ich mache schon mal einen Termin beim Friseur klar.«

Herr Kollar staunt nicht schlecht. So resolut kennt er seine Frau gar
nicht! An diesem und an den darauf folgenden Abenden sitzen sie
lange zusammen und arbeiten an seiner Präsentation. Seine Frau
kennt sich erstaunlich gut aus mit dem PowerPoint-Präsentations-
programm. Das habe sie von den Kindern gelernt, erklärt sie durchaus
stolz auf seine erstaunte Nachfrage. Sie stellt ihm die Charts zusammen. Die Liste mit seinen Stärken und Erfolgen nimmt Herr Kollar am
nächsten Tag zur Arbeit mit. Er ergänzt sie jetzt fast stündlich und
kann nun zusammenfassen, was er schon alles getan hat.

Dennoch ist Herr Kollar nicht ganz zufrieden. Er weiß noch nicht
genau, wie er alles aufbauen und sich beim Vortrag verhalten soll. Da
fällt ihm sein Freund Werner Beckmanns ein, der seit vielen Jahren
Führungskraft bei einem Lebensmitteldiscounter ist. Der wird sich
sicherlich mit Präsentationen besser auskennen, hofft Herr Kollar, als
er ihn anruft und um Unterstützung bittet.

Herr Beckmanns hilft ihm bei der Formulierung und gibt Tipps, wie Herr Kollar sprechen soll, welche Worte er stärker betonen soll und wie er zu stehen hat. Herr Beckmanns meint, bedeutend sei, gerade zu stehen, Blickkontakt zu halten und ruhig zu bleiben. So wirke er selbstbewusst, der Rest werde sich mit einigem Üben schon einstellen. Herr Kollar schläft schlecht vor der Präsentation. Ob er auch alles richtig machen wird? Als er sich anzieht, wird er schon etwas ruhiger. Auf Rat von Herrn Beckmanns hat er sich einen tollen, modernen Anzug gekauft, der sehr gut sitzt und sich auch gut anfühlt. Zusammen mit seiner teuren Uhr, die er sonst eigentlich nur sonntags trägt, fühlt er sich schon etwas besser gewappnet.

Als er dann abends Herrn Beckmann anruft, um sich zu bedanken und zu berichten, wie es gelaufen ist, da fühlt er richtig ein bisschen Stolz auf sich und seinen Vortrag. Er ist relativ ruhig geblieben, hat sich nur ein-, zweimal verhaspelt, und als der Beamer gegen Ende ausfiel, konnte er auch ohne weitermachen, so gut hatte er die Inhalte verinnerlicht. Und so ganz nebenher hat er darauf hingewiesen, was er alles schon in diesem Jahr geleistet hat. Der Geschäftsführer schien seine Vorschläge ernst zu nehmen und bedankte sich bei ihm. Dabei fiel auch die Bemerkung »Ein kluger Kopf, unser Herr Kollar«. Herr Ehlers hat ihm dann sogar noch zugezwinkert, als er den Raum verließ. Scheint also ganz gut gelaufen zu sein ...

Sobald wir etwas erwarten, beginnt die Zeit sich
zu dehnen. Und sobald wir Terminarbeit haben,
beginnt sie zu schrumpfen.
Waltraud Puzicha

5. GEBOT: KONZENTRIEREN SIE SICH AUF DAS WESENTLICHE!

Setzen Sie Prioritäten! Konzentrieren Sie sich auf die wirklich wichtigen Dinge. Nicht nur das Leben an sich, auch Ihr Acht-(oder mehr) Stunden-Arbeitsalltag scheint immer viel zu kurz zu sein. Die Anforderungen an Sie sind höchst mannigfaltig, das subjektive Gefühl, nichts wirklich fertig zu bekommen, enorm hoch. Verzetteln Sie sich nicht. Fragen Sie sich immer wieder: Ist das, was ich jetzt in dieser Situation mache, wirklich das Wichtigste? Bringt es mich und die Sache, um die es geht, wirklich einen bedeutenden Schritt weiter zum Ziel? Seien Sie mutig und trennen Sie sich von dem, was Sie ablenkt und aufhält, was am Ende nicht zählt. Gehen Sie wesentliche Dinge konzentriert an, verfolgen Sie sie konsequent und bringen Sie sie zu einem erfolgreichen Ergebnis.

Stichworte: sich konzentrieren statt zu verlieren

»Was für ein Tag!«, denkt Marianne Engler. Ihr Schreibtisch ist überfüllt mit Papiermustern (sie arbeitet als Sachbearbeiterin in einer Vertriebsgesellschaft für einen großen Spezialpapierhersteller). Aber auch einige persönliche Schriftstücke liegen darunter, die sie noch privat kopieren und schnellstmöglich verschicken möchte. Vor dem Gang ins Büro hat sie Sophie, ihre achtjährige Tochter, in die Schule gebracht – das heißt, vor halb sechs aufstehen, die Kleine wecken, Frühstück machen, dafür sorgen, dass Sophie ihren Ranzen ordentlich packt, dass sie nicht herumtrödelt ... und wieder auf den letzten Drücker in die Firma hetzen.

Nach der Arbeit ist Marianne Engler zu einem Vorstellungsgespräch eingeladen. Einen Tag Urlaub dafür zu nehmen kam nicht in Frage, da sie derzeit zusätzlich zu ihren Aufgaben sowohl eine Urlaubs- als auch eine Krankheitsvertretung machen muss. Genug zu tun ist immer, dennoch sind gerade im letzten Monat zwei langjährige Mitarbeiter entlassen worden. Das Gerücht von bevorstehenden Kündigungen gibt es schon seit über einem Jahr. Das Unternehmen, in dem Frau Engler seit drei Jahren arbeitet, ist in die roten Zahlen gekommen. Deshalb hat sie sich auch auf eine Stellenanzeige beworben, die ihr interessant erschien. Eigentlich freut sie sich auf das erste Treffen mit ihrem potenziellen neuen Arbeitgeber, konnte sich jedoch gestern nicht entsprechend vorbereiten, da ihr neuer Lebenspartner sie gedrängt hatte, mit ins Kino zu gehen. Da geplant ist, bald zusammenzuziehen, wollte sie ihrem Freund diesen Wunsch nicht abschlagen und womöglich noch Streit oder eine langanhaltende Verstimmung riskieren.

Das Telefon klingelt. Einer ihrer wichtigsten Kunden bittet sie nachzuforschen, wo sein Auftrag geblieben ist. Die Sendung ist schon 24 Stunden überfällig und seine Druckerei kann nicht warten. Der Druckauftrag ist wichtig, das Spezialpapier lange vorher bestellt. Frau Engler verspricht, sich persönlich darum zu kümmern, als die Bürotür aufgerissen wird. Ihr Vorgesetzter, Udo Martens, wünscht sich dringend eine aussagekräftige Statistik. Sie könne schließlich mit dem Programm besser umgehen und es eilte ... »Schieben Sie das unbedingt dazwischen!«, fordert er ungeduldig und verlässt ihr Büro.

Frau Engler arbeitet unkonzentriert, ihre Gedanken zappen zwischen ihrer Arbeit, ihrer Tochter, dem bevorstehenden Vorstellungsgespräch und den Umzugsplänen mit dem Lebensgefährten hin und her. Eigentlich wollte sie einem Kunden, der wiederholt die Zahlungsaufforderungen ignoriert hat, eine letzte Mahnung schreiben. Ihre freundliche Kollegin aus der Rechnungsabteilung bat sie darum mit der Bemerkung, sie habe mit einem sehr persönlichen Brief vielleicht mehr Glück. Plötzlich muss sie an die Schule ihrer Tochter denken. Gestern Abend auf ihrem Anrufbeantworter forderte die Lehrerin sie auf, telefonisch Kontakt aufzunehmen. Sophie sei in der Schule seit einiger Zeit deutlich verhaltensauffällig und würde im Unterricht stören, klang es an. Frau Engler möge sich doch bitte mit dem Schulsekretariat in Verbindung setzen, da erwarte man ihren Anruf, um einen Gesprächstermin zu vereinbaren. Neue Sorgen kündigen sich an! Nach der Statistikerstellung beginnt Frau Engler, ihre heutigen Mails zu lesen. Die Bilder der beiden entlassenen Kollegen tauchen wieder in ihrem Kopf auf. Einer war schon über 55 und mehr als zehn Jahre bei dem Unternehmen. Da fällt ihr ein, dass sie noch ein Telefonat mit der Spedition wegen der ausstehenden Lieferung an ihren wichtigen Kunden führen muss. Und einen Brief an das Hauptwerk in Finnland schreiben. Der war eigentlich schon gestern fällig. Ihr Telefon klingelt, ein Kunde wartet auf seine Gutschrift, die von ihrem Kollegen schon vor zwei Wochen auf den Weg gebracht hätte werden sollen.

Prompt kommt jetzt ihr Chef ins Büro, um sich bei ihr nach der Statistik zu erkundigen. Er hat einen Stoß Papiere in der Hand und macht ein genervtes Gesicht. »Frau Engler, dieser Vorgang muss bis heute Abend bearbeitet sein«, mahnt er beinahe bedrohlich mit einem Seitenblick auf den bereits übervollen Schreibtisch. »Ich erwarte, dass das pünktlich fertig wird. Ich kann mich doch auf Sie verlassen, oder?« Das sagt er mit einem merkwürdigen Unterton und fügt auch hinzu, ob er denn noch lange auf die Statistik warten müsste. Das sei doch

nun wirklich in einer Minute zu erledigen. Sie wisse schließlich am besten, wie man das machte.
In diesem Moment bricht in Marianne Engler etwas zusammen. Sie blickt hoch zu ihrem Chef, Tränen treten ihr in die Augen. »Ich schaff das alles nicht mehr«, klagt sie. »Das ist das reinste Chaos. Ich weiß nicht, wo ich anfangen soll.«

In Ihrer täglichen Arbeit priorisieren Sie ständig – erst E-Mails lesen, die Post öffnen, das Telefon beantworten oder dem netten Kollegen zum Geburtstag gratulieren? Oft wird die von Ihnen festgelegte Reihenfolge durch das Tagesgeschehen beeinflusst, zum Beispiel wenn sich am Telefon ein wichtiger Kunde beschwert oder Ihr Chef kurzfristig eine Präsentation von Ihnen benötigt.

Vielfach ist es so, dass wir nur noch auf diese äußeren Reize reagieren können, statt selbst zu agieren. Nebensächliches lenkt von wirklich Wichtigem ab; permanenter Stress und das Gefühl, immer hinterherzuhinken, sind die Folge. Die konkrete Frage, was eigentlich für Sie und Ihren Job bedeutsam ist, gerät so leicht aus dem Blickfeld. Darauf aber kommt es entscheidend an: Was sind die wichtigsten Prioritäten bei Ihrer Aufgabe? Kennen Sie diese, werden Sie sich nicht mehr so schnell und leicht davon abbringen lassen.

In unserer jetzigen Gesellschaftsform ist das einzige Beständige der Wandel. Partnerschaften und Freundschaften wechseln häufig, Arbeitsplätze sind nicht mehr für die Ewigkeit, ständig kommen neue Aufgaben hinzu und alte fallen weg. Und alles muss immer ganz schnell gehen, keiner will mehr warten. Spätestens nach dem zweiten Klingeln ist der Telefonhörer abzuheben!

Um in diesem unsicheren (Berufs-)Umfeld überleben zu können, ist es zunächst wichtig, seine eigenen Bedürfnisse zu kennen, seine Ziele zu definieren und sein Handeln

danach auszurichten. Nur so können Sie die Entscheidungs-
optionen, die das (Arbeits-)Leben Ihnen bietet, auch aktiv
und in Ihrem Sinne annehmen.

Setzen Sie sich Ziele, sonst tun es die anderen

Grundvoraussetzung für die Verfolgung eines beständigen,
erfolgreichen Berufsweges ist das Bestimmen der Richtung,
in die Sie gehen möchten. Ihr persönlicher beruflicher Fahr-
plan besteht aus der Festlegung eines Berufsziels und den
Maßnahmen zur Erreichung dieses Ziels.
Wenn Sie sich ab und an Zeit für die Beantwortung der folgenden Fragen nehmen, werden Sie ein immer deutlicheres
Bild davon bekommen, wohin Ihr Weg Sie führen soll:

▶ Was wollen Sie im Leben beruflich und privat erreichen?
▶ Was müssen Sie tun, um diese Ziele erreichen können?

Die Kriterien von klug gesetzten Zielen sind

▶ positiv formuliert
▶ erreichbar
▶ herausfordernd
▶ messbar sowie
▶ terminiert

Es ist dabei zu unterscheiden zwischen langfristigen Zielen
(»Visionen«) und kurzfristigen Zielen, die idealerweise die
Erreichung der langfristigen Ziele fördern. Die Formulierung von kurzfristigen Zielen ist Voraussetzung für das Erreichen der langfristigen strategischen Ziele, denn Teilziele
ermöglichen eine Erfolgskontrolle (Was habe ich bisher ge-

schafft, stimmt mein Kurs noch?), beim Erreichen stärken sie das Selbstwertgefühl und geben Kraft für die nächste Etappe.[22]

> Sie allein bestimmen Ihr Ziel: Egal ob Sie in fünf Jahren Projektmanager werden wollen oder auch den Job, den Sie bereits machen, noch weitere 15 Jahre ausüben möchten!

Wenn Sie die Mittel und Maßnahmen zur Zielrealisierung festlegen, sollten Sie darauf achten, dass diese Ihre Persönlichkeit unterstreichen. Hier ein Beispiel:

Langfristiges Ziel:
▶ Sie möchten von der Sachbearbeitung in den Einkauf wechseln.

Kurzfristige Ziele:
▶ Sie wollen als »Verhandler« wahrgenommen werden, insbesondere vom Leiter des Einkaufs.
▶ Sie wollen den Bereich Einkauf mit seinen Tätigkeiten kennen lernen.
▶ Sie wollen Weiterbildungen zum Thema Einkauf belegen.

Mittel zur Teilzielerreichung »als Verhandler wahrgenommen werden«:
▶ Als Accessoire legen Sie sich einen Schlüsselanhänger mit Taschenrechner zu.
▶ In den Geschichten, in denen Sie sich selbst darstellen, kommen Sie als harter Verhandler vor.
▶ Sie erzählen diese Geschichten auch Mitarbeitern aus dem Einkauf, mit denen Sie gut auskommen.
▶ Sie üben das Verhandeln bei jeder sich bietenden Gelegenheit – ob im Hotel, im Schuhladen oder im Restaurant.

Ihre Zielgruppe

Marketing in eigener Sache ist es, was Ihnen jetzt hilft, die Ausrichtung Ihres Dienstleistungsangebotes an den Bedürfnissen der Abnehmer vorzunehmen. Dies gilt besonders für das lohnabhängige Arbeitsleben. Um Ihre Fähigkeiten als »Unternehmer« genau auf Ihre Zielgruppe (zum Beispiel Ihren aktuellen Vorgesetzten) abzustimmen, müssen Sie diese gut kennen und analysieren.

Machen Sie eine Marktrecherche:

▶ Wer genau ist Ihre Zielgruppe? Wen müssen Sie überzeugen, damit Sie Ihren Job behalten beziehungsweise Ihr berufliches Ziel erreichen?

▶ Was genau benötigt Ihr Vorgesetzter, Ihre Abteilung, Ihre Firma (also Ihre definierte Zielgruppe)?

▶ Gibt es immer wiederkehrende Schwierigkeiten und Herausforderungen, die noch nicht befriedigend gelöst sind?

▶ Welche Fähigkeiten sind dafür wichtig, welche Eigenschaften sind gefragt?

▶ Wie schätzen Sie sich dazu selbst ein?

▶ Und wie könnten Sie diese Probleme mit Ihren Fähigkeiten beheben?

Wer wichtige, essenzielle Schwierigkeiten seiner Zielgruppe zu lösen vermag, verbessert seine berufliche Situation und stärkt sein Standing im Unternehmen.

Beispiel: Ihr jetziger Arbeitgeber (Ihre Zielgruppe) hat immer wieder Schwierigkeiten mit SAP. Eine Weiterbildung in diesem Bereich wäre bei Ihrer Zielgruppe ein starkes »Verkaufsargument« für Ihre Person.

Konzentration auf den richtigen Punkt

In welcher Kategorie wollen Sie sich mit Ihrem beruflichen Profil positionieren? Mit welchen Versprechen, die möglichst wenige andere Wettbewerber auch auf ihre Fahnen schreiben?

Erfolge haben ihren Ursprung in der Konzentration der wirksamsten Kräfte[23], zum Beispiel in einer klaren, eindeutigen Spezialisierung, in der bewussten Ausrichtung auf ein ganz bestimmtes berufliches Ziel. Wer auf allen oder zumindest auf sehr vielen beruflichen Gebieten besonders gut sein will, wird wahrscheinlich lediglich Durchschnittliches erreichen. Daher gilt es, sich mit allen verfügbaren Kräften auf die Lösung des speziellen Problems zu konzentrieren. Richten Sie sich dabei nach Ihren Stärken, Ihren Interessen. Nur wenn Sie Spaß an einer Aufgabe haben, werden Sie besser sein können als andere – und somit auch erfolgreich.

Spezialisierungsrichtungen sind zum einen der Funktionsbereich, beispielsweise Einkauf, Fertigung, Finanzen. Zum anderen ist die Branche von Bedeutung, beispielsweise Handel, öffentlicher Dienst oder Konsumgüterindustrie. Zu diesen beiden Aspekten kommen außerdem Spezialisierungen im Sprach- oder im Soft-Skill-Bereich.

Suchen Sie sich in diesen Spezialisierungsrichtungen Nischen, in denen Sie sich besondere Kompetenzen erarbeiten können. Je wichtiger das jeweilige Gebiet für Ihre Firma ist, desto wertvoller macht es Sie als Mitarbeiter. Investieren Sie beispielsweise langfristig in attraktive berufliche Kompetenzen (etwa durch Weiterbildung), erhöht dies gleichzeitig die Glaubwürdigkeit Ihres Qualitätsversprechens.

Fragen Sie sich: Welches Merkmal, welche Eigenschaft, welche Kernkompetenz möchten Sie im Unternehmen herausstellen? Wollen Sie lieber als der Texter, der Einkaufsspezialist oder als der Zahlenpapst gesehen werden?

Wir werden diesen Punkt auch in unserem 7. Gebot noch weiter vertiefen.

Ziele, Prioritäten und Zeit

Kennen Sie das: »*Machen Sie mal eben schnell das, nein, erst noch dies, doch bitte jetzt sofort gleich jenes und dieses ... Was, Sie haben nicht alles geschafft, das ist liegen geblieben? Ja, was denken Sie denn eigentlich, wofür Sie hier sind ...*«
Im Folgenden möchten wir Ihnen zeigen, wie Sie Zeit für Ihre eigenen Projekte gewinnen und wie Sie lernen, sich besser auf die wirklich wesentlichen Dinge in Ihrem Job zu konzentrieren. Nach vielen grundsätzlichen Hinweisen stellen wir Ihnen einen konkreten Fall vor, der sich gut an Ihre Bedürfnisse anpassen lässt. Denn eins ist sicher: Wer nicht aufpasst, verzettelt sich leicht und hat dann nicht die Kraft, die für den beruflichen (Überlebens-)Erfolg notwendig ist. Wenn Sie nicht aktiv für sich entscheiden, worauf es bei Ihrer Tätigkeit wirklich ankommt, werden Sie zum Spielball anderer Interessen und laufen Gefahr zu scheitern. Nur wenn es Ihnen einigermaßen gelingt, die richtigen Prioritäten zu setzen, sich auf das wirklich Wichtige und Wesentliche zu konzentrieren, hinterlassen Sie einen bleibenden und sehr wahrscheinlich positiven Eindruck.
Ein kleines Beispiel vorab: In Zeiten eines drohenden Jobverlustes ist es vielleicht nicht unbedingt wesentlich, über perfekt beschriftete Ordner zu verfügen. Wenn Sie jedoch einen Vorgesetzen haben, der auf Ordnung allergrößten Wert legt, kann gerade dieser Punkt Sie positiv von anderen unterscheiden. Die Entscheidung über Ihr Ziel (= den Vorgesetzen beeindrucken) und Ihre Prioritäten (= Ordner beschriften) treffen also immer Sie, da nur Sie sich selbst und Ihre Persönlichkeit, Ihre Umgebung und Ihre Lebenssituation beurteilen können!

Geht das überhaupt – Zeit gewinnen?

Kompliment, wenn Sie sich das fragen! Nein, Zeit ist weder einzusparen noch zu gewinnen, sie ist »nur« unterschiedlich zu nutzen. In jedem Falle bleibt sie eine objektive Konstante. Wir formulieren sprachlich nur sehr ungenau. Um Zeit zu »sparen«, ist es notwendig, zunächst einmal Zeit zu »investieren« und zu überlegen, wie Sie bisher Ihre Zeit verwenden.

Führen Sie ein tägliches Zeitprotokoll, eine Art Arbeitstagebuch. Schreiben Sie auf, für welche Arbeit Sie wie viel Zeit verwenden und mit welchem Ergebnis.

► Routinetätigkeiten
► kreative Arbeitsvorgänge
► Schwerpunkt- oder Hauptaufgaben
► Nebensächliches
► Sonstiges

Analysieren Sie Ihre Bestandsaufnahme.

► Wozu brauchen Sie die meiste Zeit?
► Ist der Zeitaufwand notwendig und sinnvoll?
► Wie gehen Sie an die Arbeitsaufgaben heran?
► Ist die bestehende Tätigkeitsreihenfolge so sinnvoll?
► Lassen Sie sich leicht ablenken, und wenn ja: Können Sie das abstellen?
► Welche Aufgabenerledigungen bringen welche Erfolge?

Wenn Sie Ihr Arbeitstagebuch über einen längeren Zeitraum führen und auswerten, werden Sie feststellen, dass Sie anders an Aufgaben herangehen. Im Folgenden möchten wir Ihnen zusätzlich einige Tipps geben, wie Sie sinnvoller mit Ihrer Zeit umgehen können. Halten Sie sich strikt an diese einfachen Methoden, um Zeit für sich und Ihre eigenen Ziele und Prioritäten zu gewinnen.

Sie können viel Zeit sparen, wenn Sie Unterlagen und Informationen nicht erst lange und mühsam suchen müssen. Halten Sie also **Ordnung** und planen Sie jeden Abend 20 Minuten für das Aufräumen Ihres Schreibtisches ein.

Ferner sollten Sie einen schriftlichen Wochen- und einen Tages-**Arbeitsplan** aufstellen. Diese To-do-Liste[24] hilft Ihnen, alle anstehenden Aufgaben auf einen Blick zu sehen. So können Sie einfacher Prioritäten setzen. **Planen Sie** jedoch **nur** etwa **50 bis maximal 60 Prozent** der zur Verfügung stehenden Zeit fest ein. So können Sie sowohl unvorhersehbare Ereignisse und Störungen als auch notwendige Konzentrationspausen besser in Ihren Arbeitsplan integrieren.

Sie arbeiten rationaler, wenn Sie **ähnliche Tätigkeiten bündeln**. Arbeiten Sie in Zeitblöcken, das heißt, fassen Sie bestimmte Tätigkeiten zusammen: statt ein Telefonat, ein Brief, dann eine E-Mail und dann wieder ein Telefonat zu erledigen, sollten Sie beispielsweise erst alle Telefonate, dann die Post und dann die E-Mails bearbeiten.

Machen Sie sich dabei zum Prinzip, jedes Papier, jede Mail möglichst nur einmal »anzufassen«. Konzentrieren Sie sich gedanklich nur auf die Aufgabe, die unmittelbar vor Ihnen liegt. Damit ersparen Sie es sich, sich mehrfach in den gleichen Sachverhalt hineindenken zu müssen.

Berücksichtigen Sie bei Ihrer Arbeit Ihren individuellen Tagesrhythmus. Jeder Mensch hat **tageszeitabhängige Leistungshochs und -tiefs**[25]. Planen Sie danach die Zeiträume, in denen Sie bestimmte Aufgabentypen erledigen. Planerische, wichtige Aufgaben sollten Sie eher am frühen Vormittag in Angriff nehmen. Manche können dies auch gut am Spätnachmittag erledigen, da sie dann wieder geistig flexibel sind und konzentrierter arbeiten können. Die übrige Zeit, wie zum Beispiel die nach dem Mittagessen, sollten Sie eher für Routinearbeit oder administrative Tätigkeiten reservieren.

Ein freundliches »Nein«

Die nächste Methode der »Zeiteinsparung« bereitet in der Praxis den meisten Menschen Schwierigkeiten, deshalb gehen wir ausführlicher darauf ein: das Neinsagen[26]. Viele denken, wenn sie »Nein« sagen, würden sie von ihren Mitmenschen abgelehnt, erschienen egoistisch oder gar unprofessionell. Die Alternative – Sie nehmen jedes Projekt, jede Zusatzaufgabe und jede Bitte an – hat jedoch zur Konsequenz, dass Sie mit Ihren eigenen Prioritäten und Wünschen zu kurz kommen. Darum: sagen Sie »Ja« zum »Nein«!

Viel Sensibilität und eine gute Portion Selbstbewusstsein sind beim Neinsagen gefragt. Die Situation und die Person (Ihr Vorgesetzter?), zu der Sie »Nein« sagen, ist vorher möglichst genau einzuschätzen. Es gibt jedoch eine Vorgehensweise, die Ihnen das Neinsagen erleichtert:

- ▶ Hören Sie der ihre Bitte vortragenden Person aufmerksam zu.
- ▶ Sagen Sie nicht sofort »Nein«, wecken Sie aber auch keine falschen Hoffnungen (nicht sofort zustimmend nicken et cetera).
- ▶ Wenn Sie Begründungen liefern, sollten diese stichhaltig sein. Ansonsten besteht die Gefahr, dass der »Bittsteller« sie entkräftet und Ihnen die Argumente ausgehen.
- ▶ Zeigen Sie Alternativen auf. Bieten Sie andere Lösungen oder eine Terminverschiebung an. So können Sie das in Sie gesetzte Vertrauen rechtfertigen.
- ▶ Wenn jemand sehr hartnäckig ist, obwohl Sie »Nein« gesagt haben: Thema wechseln! (»Übrigens, könnten Sie mir noch einmal erläutern ...«)

▶ Wichtig: Wenn Sie »Nein« sagen, tun Sie es freundlich, nachvollziehbar und verbindlich. »Da ich gerade ein eiliges Thema auf dem Tisch liegen habe und dies heute noch abschließen muss – können wir Ihre Anfrage auf morgen verschieben?« oder »Da ich wegen eines Arzttermins gleich gehen muss, kann ich heute die Telefonate nicht mehr erledigen ...«

▶ Lassen Sie sich kein schlechtes Gewissen machen, wenn Sie »Nein« sagen. Durch eine höfliche und begründete Absage sollte sich niemand verletzt fühlen.

▶ Überlegen Sie sich genau, bei wem und in welcher Situation Sie »Nein« sagen. Vielleicht möchten Sie demnächst den Hilfe suchenden Kollegen ebenfalls um einen Gefallen bitten? Oder ist es vielleicht wirklich nur eine Kleinigkeit, um die Sie gebeten werden?

Und noch ein Tipp: Üben Sie das Neinsagen – starten Sie zunächst in einer unverfänglichen Situation (zum Beispiel im Privatleben), wo Sie kaum unangenehme Konsequenzen zu erwarten haben.

Besonderheiten beim Neinsagen in beruflichen Situationen
Beispiel: Sie sollen eine neue Aufgabe übernehmen.

▶ Signalisieren Sie in jedem Fall Interesse.

▶ Sagen Sie nicht sofort zu, sondern bitten Sie um Bedenkzeit. Sie möchten zunächst Ihre anderen Projekte/Tätigkeiten überprüfen, um kompetent Auskunft über die weiteren Planungen zu geben. (»Gern würde ich zunächst den Stand meiner sonstigen Projekte prüfen, damit ich weiß, wie ich das neue integrieren kann. Wäre es möglich, dass wir uns in X Stunden/morgen erneut treffen?«) Das hat den Vorteil, dass Sie Zeit und Abstand gewinnen.

► Wenn Sie zu der Entscheidung kommen, dass Sie die Aufgabe nicht schaffen: Sprechen Sie mit Ihrem Vorgesetzten über eine Prioritäten-/Terminverschiebung. »Gern nehme ich die neue Aufgabe an. Konsequenz daraus wäre jedoch, dass ich das Projekt A nach hinten schieben müsste, auf dessen Ergebnis die Abteilung B schon wartet. Mein Vorschlag wäre also …«

► »… dass ich weiterhin Projekt A bearbeite, da es schon so kurz vor dem Abschluss steht. In drei Wochen könnte ich dann mit dem neuen Themenfeld starten.«

► »… ich starte sofort mit der neuen Aufgabe, muss dann allerdings die Abteilung B informieren, dass das Projekt A erst in vier Monaten fertig gestellt werden kann.«

► Liefern Sie in jedem Fall stichhaltige, möglichst nicht widerlegbare Begründungen für Ihre Entscheidung.

► Falls Sie auf andere Kollegen verweisen möchten, die die Aufgabe übernehmen könnten, seien Sie äußerst sensibel in Ihren Formulierungen (keinesfalls: »Wieso soll ich das denn erledigen, Frau Meier hat doch im Moment so wenig zu tun …«)

► Schlagen Sie beispielsweise gleich oder auch etwas zeitversetzt vor: »Ich könnte diese Aufgabe sicherlich besser und schneller schaffen,

  ▷ wenn Sie auch den Kollegen XY bitten würden, mitzumachen.«

  ▷ wenn Sie mir den Kollegen XY zur Unterstützung in dieser Angelegenheit zur Verfügung stellen könnten.«

  ▷ wenn Sie mir dafür die Aufgabe X abnehmen.«

Mehr zum Thema Neinsagen finden Sie auch noch einmal im 9. Gebot (Seite 180).

Methoden zur Priorisierung von Aufgaben

ABC-Analyse

Dieses Verfahren zur Priorisierung teilt Aufgaben (Kunden, Produkte etc.) in drei Kategorien ein:

▶ A-Aufgaben sind die wichtigsten, sie dienen der Zielerreichung und sind nicht delegierbar. Sie sollten zuerst erledigt werden.
▶ B-Aufgaben sind durchschnittlich wichtige Aufgaben. Diese sollten Sie zur Bearbeitung terminieren beziehungsweise delegieren.
▶ C-Aufgaben nehmen den größten Teil der Zeit in Anspruch und haben den geringsten Wert, zum Beispiel Ablage oder Pressemitteilungen lesen. Sie sollten sie als »Pausenfüller« zwischen den relevanten Aufgaben abarbeiten (beziehungsweise abgeben).

Eisenhower-Modell

Der amerikanische General Eisenhower unterschied bei der Prioritätensetzung zwischen den Dimensionen Wichtigkeit und Dringlichkeit. Wichtigkeit bedeutet Zielerreichung und Erfolg, Dringlichkeit lediglich Zeit und Termin. Daher gilt die Regel: Wichtigkeit vor Dringlichkeit.

Je nach Wichtigkeit und Dringlichkeit lassen sich vier Möglichkeiten der Bewertung und der anschließenden Erledigung von Aufgaben unterscheiden:

▶ **Dringliche und wichtige Aufgaben:** müssen sofort und selbst erledigt werden. Sie haben eine hohe Bedeutung für den Gesamterfolg Ihrer Arbeit.
▶ **Dringliche, nicht so wichtige Aufgaben:** sollten möglichst rasch erledigt werden. Falls möglich, sind sie an

andere Personen zu delegieren; falls nicht, sollten Sie eine feste Zeitspanne (zum Beispiel ein- bis zweimal wöchentlich zu einem festen Termin) dafür einplanen.

▶ **Nicht dringliche, aber wichtige Aufgaben:** müssen nicht sofort erledigt werden, sind jedoch für Ihren Arbeitserfolg wichtig. Setzen Sie sich einen Termin, um diese Aufgaben zu bearbeiten.

▶ **Nicht dringliche und unwichtige Aufgaben:** in den Papierkorb beziehungsweise in die Ablage zur späteren Bearbeitung.

Pareto-Methode

Ein weiteres Vorgehen zur Prioritätensetzung ist die Pareto-Methode. Diese Erfahrungsregel besagt, dass Aufwand und Ergebnis meist in einem nichtlinearen Verhältnis stehen: 80 Prozent des Erfolges erreicht man mit 20 Prozent der Mittel. Mit anderen Worten: 20 Prozent Ihrer Arbeit entfallen auf Tätigkeiten, die 80 Prozent der Ergebnisse liefern. Konzentrieren Sie Ihre Kräfte also auf die Aufgaben, die Sie Ihrem Ziel näher bringen, dann werden Sie erfolgreich sein.

Bei der Überlegung, ob Sie Ihre Aufgaben auch erfolgsorientiert priorisieren, hilft Ihnen die Bestandsaufnahme Ihrer Tätigkeiten (siehe Übung auf Seite 116).

Herr Kollar setzt Prioritäten

Am nächsten Tag findet sogar Herrn Kollars direkter Vorgesetzter Herr Ehlers einige lobende Worte für die professionelle Präsentation. Man sei jetzt dabei, einige seiner Vorschläge auf ihre Umsetzbarkeit hin prüfen zu lassen. Dennoch solle Herr Kollar sich nicht auf seinem Erfolg ausruhen. Seine Verkaufsergebnisse seien immer noch weit unter denen der anderen, er solle sich doch mal ansehen, wie es sein Kollege Herr Schmitz macht. Vielleicht könne er da noch was lernen.

Also begleitet Herr Kollar seinen Kollegen Schmitz bei dessen Verkaufsgesprächen. Dieser geht deutlich anders vor, bemerkt Herr Kollar ganz schnell. Er wundert sich, wie zielorientiert Herr Schmitz seine Gespräche voranbringt und bei den Kunden nicht lockerlässt. Dabei ist er nett und charmant, ohne sich jedoch so schnell ins Bockshorn jagen zu lassen, wie es ihm immer wieder passiert. Herr Kollar ist deprimiert. Ob er wohl auch je so auftreten wird und verkaufen kann wie Herr Schmitz? Er hat sonst immer durch Kompetenz und Service überzeugt und hatte damit auch gute Erfolge. Doch er merkt, dass in härteren Zeiten noch mehr Biss gefragt ist. Eigentlich ist er nicht der Typ dafür, stellt er etwas resignierend fest.

Sein Chef lässt ihn jetzt aber deutlich in Ruhe und beobachtet ihn nur gelegentlich. Ab und an kommen noch etwas bissige Bemerkungen. Diese erfolgen jedoch oft unmittelbar nach Terminen mit dem Geschäftsführer und so versucht Herr Kollar, die Bemerkungen nicht allein auf sich zu beziehen. Dennoch fängt er an zu zweifeln, ob der Verkauf in harten Zeiten wie diesen wirklich noch etwas für ihn ist. So zielorientiert wie Herr Schmitz und so verhandlungssicher wie Herr Wolf-Lüders wird er nie werden, auch wenn er lernbereit ist und bislang schon einiges verbessert hat.

In der darauf folgenden Woche teilt sein Vorgesetzter ihm mit, dass er für seine Vorschläge eine Prämie erhalten wird. Das freut Herrn Kollar verständlicherweise, trotzdem ist ihm klar, dass er nicht der geborene Autoverkäufer ist.

Drei Wochen später hört Herr Kollar, dass ein Buchhalter im Autohaus gekündigt hat und man kurzfristigen Ersatz für ihn sucht. Herr Kollar hat immer gern im Büro gearbeitet. Vielleicht wäre das eine Alternative zum Vertrieb? Sein Gehalt würde zwar etwas sinken, dafür käme es aber regelmäßiger jeden Monat. Er spricht mit seiner Frau, ob er diesen Weg gehen sollte, und sie gibt nach vielen Argumenten ihres Mannes nach.

Herr Kollar bittet Herrn Ehlers erneut um einen Gesprächstermin. Er legt kurz dar, dass ein Buchhalter gekündigt hat und nun kurzfristig eine Halbtagskraft gesucht würde. Er sei durch seine Vorbildung sicher in der Lage, hier schnell zu helfen. Der Vertrieb würde so kostenmäßig entlastet und nachmittags könne er ja weiter verkaufen, wenn ohnehin am meisten Kundschaft käme. So wäre beiden Abteilungen, sowohl der Buchhaltung als auch dem Verkauf, geholfen. Sein Festgehalt müsste allerdings etwas aufgestockt werden, da seine Umsätze infolge dieses halbtäglichen Wechsels sinken würden. Herr Ehlers findet den Vorschlag gut, möchte ihn jedoch erst einmal mit dem Geschäftsführer besprechen.

Nach zwei Tagen gibt der Geschäftsführer, dem viel an einem schnellen und reibungslosen Ablauf gelegen ist, grünes Licht. Herr Kollar arbeitet nun jeden Vormittag in der Buchhaltung seines Betriebes, um dann nach der Mittagspause wieder in den ihm vertrauten Verkauf zu wechseln. Zunächst fühlt er sich von den vielen Abläufen im Büro etwas überfordert. Sein Arbeitsberg wächst, oft springt er unsystematisch von einer unerledigten Aufgabe zur nächsten. Er weiß nicht, was er zuerst tun soll. Sein Kollege, Herr Müller, scheint viel besser damit klarzukommen. Er kann jederzeit kompetent über alle seine Vorfälle Auskunft gegeben, die Ablage ist stets aktuell und schwierige Sonderfälle landen ebenfalls auf seinem Tisch.

Nach zwei Wochen fasst sich Herr Kollar ein Herz und bittet ihn um Unterstützung. Ob Herr Müller ihm vielleicht bitte zeigen könnte, wie er sich besser organisieren kann? Sein Kollege meint, ihm wäre es anfangs auch so gegangen. Dann zeigt er ihm, wie man eine richtige To-do-Liste erstellt und welche buchhalterischen Aufgaben absolut dringlich sind. Die macht Herr Kollar nun immer konzentriert früh morgens, wenn er noch frisch und ausgeruht ist. Die Routinetätigkeiten erledigt er vor dem Mittagessen. Gebündelt erledigt er zunächst die Standardbuchungen, dann liest er seine Mails.

Zunehmend kann er sein Arbeitspensum steigern, was der Leiter Rechnungswesen positiv bemerkt. Herr Kollar fühlt sich wohl im Büro, vermisst jedoch den Kundenkontakt. Den hat er zwar nachmittags, dennoch ist es für ihn zunehmend schwierig, mit dem Verkaufs-

*druck umzugehen. Er merkt einfach, dass er keinen richtigen »Biss«
mehr hat. Schön wäre, wenn er etwas fände, wo er sowohl mit Zahlen umgehen als auch seine Kundenorientierung sinnvoll einsetzen
könnte.*

*Herr Kollar kommt zu der Entscheidung, dass er mittelfristig den
Vertrieb ganz verlassen möchte. Die Buchhaltung kann ihm lediglich
einen Teilzeitjob bieten. Außerdem reizt ihn die Welt der Zahlen, aber
er möchte zusätzlich auch noch viel mit Kunden zu tun haben. Daher
will er prüfen, welche Abteilungen und Positionen für ihn in Frage
kommen.*

Herr Kollar setzt sich ein Ziel: einen Abteilungswechsel. Er
prüft, welche Tätigkeiten für seine Zielerreichung wichtig
sind, und macht sich einen Plan. Zunächst unterteilt er sein
Hauptziel in erreichbare Unterziele. Sein erstes Teilziel:
Entscheiden, welche Position(en) grundsätzlich für ihn in
Frage kommen. Das heißt konkret:

▶ Aufgaben auflisten
▶ eruieren, welche Abteilungen für ihn im Hause überhaupt geeignet sind
▶ versuchen, in Kontakt mit den Abteilungen zu kommen (gibt es Überschneidungen, Projekte, die er nutzen
 könnte?), so könnte er Kollegen aus der betreffenden
 Abteilung kennen lernen und nach der dortigen Arbeit
 fragen
▶ in der Personalabteilung Fragen zu den Abteilungen/
 Positionen stellen, die für ihn interessant sein könnten
▶ Literaturrecherche zu den entsprechenden Positionen
▶ im Freundes-/Bekanntenkreis Informationen einholen

Dann notiert Herr Kollar die weiteren Teilziele, legt die
Prioritäten fest und stellt einen Zeitplan auf. Was steht für

ihn an welcher Stelle und wie könnte er diese Teilziele durch konkrete Tätigkeiten erreichen? Gibt es Aufgaben, die er vielleicht delegieren kann? Bis wann will er die ersten Teilziele erreicht haben und wie kann er dies kontrollieren?

Nach Erledigung aller offenen Punkte verfügt er über umfangreiche Informationen, die ihm bei der Entscheidung helfen, welche Positionen für ihn in Fragen kommen. Herr Kollar findet heraus, dass Positionen aus den Bereichen Marketing und Qualitätsmanagement grundsätzlich für ihn geeignet sind. Am meisten reizt ihn die Position des After-Sales-Mitarbeiters im Marketing. In diesen Job möchte er mittelfristig wechseln.

Du gewinnst nie allein. An dem Tag, an dem du was anderes glaubst, fängst du an zu verlieren.
Mika Häkkinen

6. Gebot: Suchen Sie Allianzen!

Schmieden Sie tragfähige Beziehungen mit Kollegen, Vorgesetzten, Kunden oder Geschäftspartnern. Auch das weitere geschäftliche Umfeld, wie Personalabteilung, andere Führungskräfte oder Sekretärinnen, ist dabei wichtig. Vieles können Sie zwar auch allein schaffen, aber so manches ist mit der hilfreichen Unterstützung anderer bedeutend leichter zu erreichen. Pflegen Sie daher bewusst Ihre Kontakte. Ihre Zeit und Kraft sind gut investiert, denn Sie werden davon profitieren. Das richtige Maß an Selbstbewusstsein, kommunikativer Intelligenz und die Fähigkeit auszuwählen, wofür ein Engagement sich lohnt, sind wichtige Grundlagen, die im Folgenden ganz spezifisch vertieft werden.

Stichworte: zusammenarbeiten – Vitamin B – Networking

Eigentlich fehlt es Ulrike May an Zeit und auch an der richtigen Lust, zu der Veranstaltung zu gehen. Sie hat einen anstrengenden Arbeitstag hinter sich, und ihre Woche mit vielen Abendterminen hat erst begonnen. Hinzu kommen noch ernsthafte Sorgen. Die Schieflage des Unternehmens drückt Ulrike langsam aufs Gemüt. Echte Freude wollte in den letzten zwei Monaten bei ihr nicht aufkommen. Nachts wacht sie bisweilen auf und kann vor Grübeleien nur sehr schwer wieder einschlafen. Was wäre, wenn man ihr das Verlassen der Firma nahe legt? Personalabbaugerüchte machen die Runde. Und dennoch, sie überwindet ihre Müdigkeit und besucht am Abend den Fachvortrag über »Neue Marketingmethoden im Mobilfunk-Consumernet«.

Als sie in der Schlange vor dem Eingang zum Vortragssaal steht, kommt sie mit ihrem Nebenmann in ein lockeres Gespräch, ein sympathischer Smalltalk über dies und das. Schnell kommen sie auf berufliche Belange, passend zum Businessvortrag. Ulrike May ist leitende Assistentin der Regional-Marketing-Managerin bei einem großen Mobilfunkunternehmen. Und zufällig ist ihr Gegenüber Vertriebsleiter bei dem direkten Mitbewerber. Dass der Markt nicht mehr ganz so toll floriert, spürt auch die Konkurrenz, und ihr sympathischer Gesprächspartner gibt es offen zu: schwierige Zeiten. Sie tauschen ihre Visitenkarten aus, versprechen, einander per Mail zu kontaktieren und mittags mal gemeinsam essen zu gehen. Einige Tage später verabreden sich beide in der Mittagspause. Ein sonniger Tag, eine nette Unterhaltung, der gemeinsame Snack und gleiche Privatinteressen festigen schnell die Beziehung.

Einige kurze Mails, ein weiteres Mittagessen und drei Monate später erreicht Ulrike May ein Anruf ihres Gesprächspartners. Es sei bei ihm im Unternehmen eine Top-Position neu besetzt worden. Die Kandidatin für den Marketingbereich Nord sei Ulrike bestens bekannt. Ob sie mit dieser streng vertraulichen Info vielleicht etwas anzufangen wüsste, wenn bei ihr in der Firma demnächst die Stühle gerückt würden.

Ulrike May versteht den Hinweis und wendet sich noch am gleichen Nachmittag an ihren ehemaligen Mentor. Vor zwei Jahren hatte er Ulrike beim Einstieg in das Unternehmen geholfen. Nach dem ersten Einarbeitungshalbjahr war das Mentorenprogramm offiziell ausgelaufen, Ulrike hält aber weiterhin den Kontakt zu ihm, einem der vier wichtigsten Bereichsleiter. Bei gelegentlichen Treffen bespricht sie mit ihm die großen und kleinen Kümmernisse des täglichen Betriebes.

Ulrike May weiß: wenn ihre Vorgesetzte geht, fällt möglicherweise auch ihr Arbeitsgebiet weg. Es gab immer wieder Gespräche, dass die Position des Regional-Marketing-Managers eingespart werden könnte. Damit würde sie als Assistentin gehen müssen. Ulrike spricht mit ihrem Mentor über ihre Perspektiven im Unternehmen, aber auch über ihre Sorge, sich gegebenenfalls einen neuen Job suchen zu müssen. Dabei kann sie auf gute Leistungen und beeindruckende Ergebnisse in den letzten beiden Jahren ihrer Unternehmenszugehörigkeit verweisen. Sie lässt geschickt einfließen, dass sie sich auch eine Arbeit in einem anderen Unternehmensbereich gut vorstellen könnte.

Diese Empfehlung bleibt nicht ohne Resonanz. Als vier Wochen später offiziell bekannt gegeben wird, dass Ulrikes Vorgesetzte das Unternehmen verlässt und die Abteilung Regional-Marketing aufgelöst wird, hat Ulrike bereits das erste Gespräch über eine höher gestellte Assistentenposition hinter sich. Der Bereichsleiter des Global Marketing ist stark an ihrer Mitarbeit interessiert. Sie hat ein gutes Gefühl. Auch die Folgegespräche verlaufen ganz in ihrem Sinne, so dass die Unternehmensleitung bald ihre neue Position als Assistentin des Global-Marketing-Managers bestätigt.

Networking ist Vitamin B

»Networking«[27] oder, anders formuliert, die persönliche Beziehungspflege im Job ist ein absolut wichtiger, weil hilfreicher Bestandteil Ihres beruflichen Erfolges – die fehlende personelle Vernetzung am Arbeitsplatz ein großes, wenn nicht das größte Beschäftigungsrisiko für Sie als Arbeitnehmer. Gute persönliche Kontakte zu anderen, egal ob Vorgesetzte, Kollegen oder sogar Kunden, fungieren als Sicherheitsnetz in unsicheren Zeiten.

Und selbst wenn persönliche Beziehungen nicht verhindern können, dass Ihre Abteilung ausgelagert wird, so können sie doch unter Umständen dafür sorgen, dass Sie andere Aufgaben im Unternehmen wahrnehmen und so Ihren Job behalten – weil man Sie kennt, schätzt, weiß, was man an Ihnen hat und Sie nicht missen will. Schließlich: Sie sind wer, Sie können was, Sie sind wichtig und absolut vertrauenswürdig.

In vielen Artikeln über die moderne Kontaktpflege und die damit verbundenen Erfolge hört es sich ganz einfach an. Ein bisschen Smalltalk, kurz jemanden um Hilfe bitten, vielleicht noch eine kleine Einladung – und schon haben Sie einen weiteren wichtigen Kontakt, der Ihnen aus allen Schwierigkeiten hilft.

Um Ihnen gleich die Illusion zu nehmen: Networking ist, wie das Erlernen vieler anderer Fertigkeiten auch, mit Arbeit, Fleiß und permanentem Üben verbunden. Es zahlt sich nicht immer sofort aus. Und es zeigt nur Wirkung, wenn es zu Ihnen, zu Ihrer Person und Ihrer Lebenssituation passt. Wenn Sie jahrelang die Empfangsdamen ignoriert haben und plötzlich anfangen, diese mit Komplimenten zu überhäufen, werden Sie eher Unverständnis ernten als irgendeine Hintergrundinformation. Und auch wenn Ihr direkter Vorgesetzter immens wichtig ist für Ihre Jobabsicherung, wird es schwierig werden, ihn für sich zu gewinnen, wenn Sie Ausschlag bekommen, sobald er nur in der Tür erscheint. Bleiben Sie deshalb bei allen zwischenmenschlichen Situationen authentisch, sonst kostet es Sie zu viel Kraft und Überwindung.

Was wir Ihnen in diesem Kapitel jedoch vermitteln möchten:

▶ die Grundlagen jeden erfolgreichen sozialen Kontakts,
▶ wie Sie Ihre bereits bestehenden Kontakte intensivieren beziehungsweise nutzen,
▶ wie Sie neue Verbindungen im Unternehmen aufbauen können.

Grundlagen des erfolgreichen sozialen Kontakts

Was macht einen zwischenmenschlichen Kontakt »erfolgreich«? Wann fühlen Sie sich mit Ihrem Gegenüber wohl und warum? Was können Sie persönlich dafür tun, dass Ihre (Geschäfts- und Arbeits-)Beziehungen bestens funktionieren? Mit diesen Fragen müssen wir uns beschäftigen, wenn wir erfolgreich networken wollen.

Das ist eigentlich nichts Neues. Bereits in den vorangegangenen Kapiteln haben wir Ihnen die wesentlichen Wirkungsmechanismen vorgestellt. Beim 1. Gebot ging es um Ihr Selbstbewusstsein, Ihre Selbstwirksamkeit, ein wunderbarer Ausgangspunkt für alle Ihre Aktivitäten. Das 2. Gebot hat Ihnen etwas über die Kunst der Sympathiegewinnung, des (Be-)Zauberns vermittelt, und mit dem 3. Gebot haben wir Ihnen Kommunikationsinhalte und Smalltalk-Strategien vorgestellt.

Dies alles wird Sie dabei unterstützen, ein gut funktionierendes Netzwerk aufzubauen. Schließlich haben Sie sich ein überzeugendes, positives Image erarbeitet (Stichwort Selbstmarketing und PR) und sind in den Köpfen Ihrer Gesprächspartner klar und fest verankert. Man weiß, wofür Sie stehen (Sie haben Prioritäten gesetzt, sich Ziele erarbeitet und verfolgt), man weiß, was man Positives von Ihnen zu erwarten hat. Darauf wird man nicht so schnell verzichten wollen!

Natürlich ist Networking eine Herausforderung: an Ihr Selbstvertrauen, Ihre Fähigkeit, Menschen für sich zu gewinnen, Ihre kommunikative und selbstdarstellerische Begabung. Dies gelingt Ihnen umso leichter und besser, je intensiver Sie sich mit den vorangegangenen Kapiteln auseinander gesetzt haben.

Ihr persönliches Job-Netzwerk

Eine wesentliche Voraussetzung dafür, Informationen und persönliche Empfehlungen im Job zu erhalten, ist, dass Sie andere Leute (zumeist in Ihrem Unternehmen) kennen, die Sie mögen, die sich für Sie einsetzen und die bereit und in der Lage sind, Sie zu fördern. Erwarten Sie jedoch nicht von vornherein, dass sich Personen aktiv für Sie und Ihre Situation interessieren. Stellen Sie sich ein stabiles Netzwerk wie eine Wiese mit Obstbäumen vor: Bevor die Bäume essbare Früchte tragen und ein leichter Sturm sie nicht mehr entwurzeln kann, sind Sonne, Regen und regelmäßige Pflege ein absolutes Muss.

Wir möchten Sie im Folgenden bei der Anlage Ihrer »Obstwiese« unterstützen und Ihnen zeigen, wie Sie Ihr Beziehungsnetzwerk[28] langfristig aufbauen, pflegen und erfolgreich nutzen. Zunächst präsentieren wir Ihnen ganz praktisch, wie Sie zum einen Ihr bereits vorhandenes Netzwerk aktivieren, zum anderen neue Kontakte knüpfen. Im Anschluss stellen wir Ihnen einige Grundvoraussetzungen vor, wie Networking funktioniert und wie es für beide Parteien Gewinn bringt.

Vorab sollten Sie jedoch konkret überlegen, was Ihr Ziel ist: Möchten Sie andere um Unterstützung bitten, um die Abteilung zu wechseln? Weitere Aufgaben zu übernehmen? Was erwarten Sie von Ihren Allianzen und was sind Sie selbst bereit zu geben?

Überlegen Sie, welche Ihrer Bekannten großartige Networker sind. Beobachten Sie diese Menschen genau, und lernen Sie von ihnen. Betrachten Sie Networking als eine Art Fremdsprache: am besten lernt man sie von Muttersprachlern.

Bestehende Kontakte intensivieren

Hier kommt zunächst eine rein systematische Fleißarbeit auf Sie zu:

1. **Erstellen Sie ein Netzwerkorganigramm.**

▶ Schreiben Sie alle (und zwar wirklich alle) Mitarbeiter in Ihrem Unternehmen auf, die Sie kennen und mit denen Sie bereits zu tun hatten. Ordnen Sie sie nach Abteilungen und Positionen. Wenn Sie ein bereits bestehendes Organigramm Ihres Unternehmens/Ihrer Abteilung besitzen, umso besser. Unterstreichen Sie hier alle betreffenden Namen.

▶ Nun suchen Sie systematisch nach den Personen, die Sie in Ihrem Job voraussichtlich am besten unterstützen können: Führungskräfte, Mitarbeiter der Personalabteilung oder des Betriebsrates, Chefsekretärinnen, Projektleiter, Mitarbeiter mit gut funktionierendem Beziehungsnetzwerk (soweit Sie dies beurteilen können). Machen Sie einen roten Kreis um diese Personen.

▶ Prüfen Sie nun die einzelnen Namen und suchen Sie nach den Mitarbeitern, die Ihnen sympathisch sind und von denen Sie vermuten oder wissen, dass sie Sie ebenso mögen. Markieren Sie diese Namen mit einem Textmarker.

2. **Erstellen Sie einen Networking-Plan.**

▶ Schreiben Sie jeden markierten Namen auf eine Karteikarte oder in einen separaten Networking-Ordner in

Ihrem PC. Hier notieren Sie alles, was Sie über die Person wissen: Name, Telefonnummer, E-Mail, Abteilung, Position, vorherige Tätigkeit, Werdegang, gegebenenfalls Adresse/Wohnort, ungefähres Alter, Familie/Kinder, Hobbys, Urlaubsziele, auch berufliche Dinge wie fachliche Schwerpunkte etc.

Egal wie gut Ihr Gedächtnis ist – legen Sie für alle Personen, die Sie kennen (lernen), eine Karteikarte an. Ob diese PC-gestützt angelegt wird oder klassisch auf Papier, spielt keine Rolle. Aktualisieren Sie diese Karteikarte um alles, was Sie erfahren. Jede Information, die Sie erhalten, kann wichtig sein, um einen Anknüpfungspunkt zu finden.

▶ Erstellen Sie einen Monats-Übersichtsplan: In jeder Woche sollten Sie im Schnitt mindestens drei Gespräche in eigener Sache führen.

▶ Nun überlegen Sie, wie Sie mit den ausgewählten Personen[29] in Kontakt treten könnten. Konzentrieren Sie sich zunächst auf die Personen, mit denen Sie beruflich zu tun haben. Hier besteht bereits eine breite Basis für ein Gespräch. Bei Mitarbeitern in der Personalabteilung können Sie sich beispielsweise einen Termin geben lassen, um über Ihre Planungen in Richtung Weiterbildung zu sprechen. Weiterer Ansatzpunkt wäre, noch einmal persönlich über die Arbeitsabläufe zu sprechen. Oder sich gegenseitig auf den neuesten Stand zu bringen. Bei allen weiteren Arbeitsbesprechungen gilt: Treffen Sie sich möglichst immer persönlich. Dies ist verbindlicher als ein Telefonat.

▶ Vereinbaren Sie an den Networking-Tagen kurze Termine mit den selektierten Personen und tragen Sie diese in Ihren Übersichtsplan ein.

▶ An dem Termin selbst: Versuchen Sie, von der reinen Arbeitssituation in ein etwas persönlicheres Gespräch zu gelangen. Wie gefällt dem Kollegen die Arbeit, wie lange ist er schon in der Firma, war er auch schon in anderen Abteilungen, welche Erfahrungen hat er in der Zusammenarbeit mit der Abteilung XY gemacht, wo hat er vorher gearbeitet etc.? Hören Sie gut zu, nicken Sie, lächeln Sie, schauen Sie ihm oder ihr offen in die Augen. Wenn es passt, können Sie auch private Themen anschneiden. So könnten Sie zum Beispiel ein nettes Kompliment über seinen Anzug / ihre Frisur machen und daran anknüpfen.

▶ Am Ende des Gesprächs bemerken Sie noch einmal, wie nett es war, mit ihm/ihr zu sprechen und dass man das ja vielleicht gelegentlich wiederholen könnte. Warten Sie auf die Reaktion. Wirkt Ihr Gesprächspartner so, als hätte er die Unterhaltung ebenfalls sehr genossen, fragen Sie ihn doch, ob Sie sich nicht vielleicht einmal zum Mittagessen treffen können. (Achtung: Wenn Sie mit dem anderen Geschlecht sprechen, kann dies leicht zu Missverständnissen führen. Hier generell etwas vorsichtiger sein.)

▶ Tragen Sie zunächst den Termin in den Übersichtskalender ein, dann machen Sie sich Notizen auf der Karteikarte der betreffenden Person: »Gespräch am …: Wen kennt er, in welchen Abteilungen war er bereits« etc. Vielleicht fällt Ihnen hier schon ein weiterer Anknüpfungspunkt ein, um die Person ein weiteres Mal zu kontaktieren.

▶ Sie haben nach und nach alle Personen kontaktiert, die mit Ihnen auf Arbeitsbasis zu tun haben? Dann gehen Sie Ihre Liste durch: Wen könnten Sie von den anderen markierten Namen wann und wo erreichen? Wie schaffen Sie es, mit den rot umkreisten, wichtigen Personen zu sprechen? Vielleicht bei einem Projekt um Unterstützung bitten? Oder: Sie könnten sich beispielsweise in der Kantine bewusst an den Essenszeiten der Mitarbeiter orientieren, die Sie noch ansprechen möchten. Stellen Sie sich in die Reihe hinter sie und versuchen Sie ein kurzes (nicht fachliches!) Gespräch. Oder: Gehen Sie am Büro der jeweiligen Führungskraft vorbei. Wenn die Tür offen ist, bleiben Sie kurz stehen und machen Sie Smalltalk.[30]

▶ Führen Sie immer Buch über Ihre Gespräche, halten Sie Ihre Termine ein. Sie sollten im Monat auf mindestens zwölf Networking-Kontakte kommen.

Grundvoraussetzung: Sie trauen sich, gezielt nach Unterstützung zu fragen, wenn Sie sie benötigen. Sie werden erstaunt sein, wie viele Menschen bereit sind, Ihnen zu helfen. Formulieren Sie Ihr Anliegen kurz und ohne Umschweife; seien Sie nicht irritiert oder beleidigt, wenn Sie damit gelegentlich keinen Erfolg haben (sondern analysieren Sie – woran hat es gelegen? An der falschen Ansprache oder der falschen Person?). Und: Erwarten Sie nicht zu viel!

Neue Verbindungen aufbauen

Sie konnten mit allen Personen Ihres Networking-Plans sprechen, haben zum Teil Folgetermine vereinbart beziehungsweise bleiben auf Arbeitsebene regelmäßig in Kontakt? Sehr gut! Nun geht es darum, Ihr Organigramm zu erweitern.

Nehmen Sie das Organigramm zur Hand und ergänzen Sie es um Personen, die Sie voraussichtlich in Ihrem Job unterstützen können, die Sie aber noch nicht kennen. Machen Sie einen blauen Kreis um diese Personen und legen Sie wie gehabt Karteikarten an. Versuchen Sie gezielt, diese Personen kennen zu lernen.

Beobachten/fragen Sie Ihre bisherigen Kontakte – kennt jemand diese »wichtigen« Leute? Können Sie sich vorstellen lassen? Finden Sie heraus, wo sich die Personen üblicherweise aufhalten. Sammeln Sie alle Informationen, die Sie bekommen können.

Beziehen Sie Ihr privates Netzwerk mit ein: Vielleicht gibt es auch hier jemanden, der jemanden kennt, der einen kennt ..., der Ihnen helfen kann. Dabei sind Kontakte zu externen Geschäftspartnern nicht zu unterschätzen. Diese bewegen sich in Ihrem Jobumfeld, kennen Sie und Ihre Arbeit und können so vielleicht Referenzen aussprechen und Sie weiterempfehlen.

Grundsätzlich gilt: Alle neuen Kontakte sind gute Kontakte. Nehmen Sie also an Projektmeetings teil, gehen Sie in die Betriebssportgruppe, lassen Sie keine Feier aus. Bewegen Sie sich im Zentrum der Macht. Überall, wo sich Führungskräfte Ihres Unternehmens aufhalten und Sie freien Zutritt haben, sollten Sie auftauchen. Das heißt: Gehen Sie zu Vorträgen, wo Ihr Unternehmenschef spricht, oder nehmen Sie an Mitarbeiter- und Personalversammlungen teil.

Ergänzen und aktualisieren Sie Ihr Netzwerkorganigramm und Ihre Karteikartensammlung laufend!

> Tipp für die Auswahl der wichtigen Kontakte: Es ist oft nicht der Vorstand, der einem die Tür öffnet, sondern häufig die Sekretärin, die in dem Unternehmen alles und jeden kennt und die zum Beispiel weiß, welche Stellen offen und noch nicht ausgeschrieben sind.

So pflegen und nutzen Sie Ihr Beziehungsnetz

▶ Zeigen Sie Ihren Mitmenschen, dass sie Ihnen wichtig sind, und nehmen Sie sich Zeit für sie. Stellen Sie sicher, dass Ihre Networking-Kontakte nicht das Gefühl bekommen, von Ihnen nur als nützliche Ratgeber instrumentalisiert und ausgenutzt zu werden.

▶ Suchen Sie in regelmäßigen Abständen den Kontakt. Nicht immer ist ein persönliches Treffen möglich, aber auch mit kurzen Telefonaten oder E-Mails können Sie Ihr Gegenüber auf dem Laufenden halten.

▶ Ihr Beziehungsnetzwerk wird nur funktionieren, wenn auch andere von Ihrem Können und Ihren Kontakten profitieren. Überlegen Sie daher, was Sie wiederum selbst für andere Personen tun können, womit Sie Ihrem Netzwerk nutzen können. Können Sie Arbeiten übernehmen, haben Sie Informationen oder Kontakte, die für andere wichtig sein könnten? Überlegen Sie auch außerhalb der Arbeitswelt, wie Sie sich für einen Gefallen revanchieren können: vielleicht mit einem Reiseführer für den anstehenden Urlaub in Kenia, einer Kontaktadresse für den dringend benötigten Kindergartenplatz oder der Empfehlung eines renommierten Augenarztes? Anregungen finden Sie in den Notizen Ihrer Karteikarten.

▶ Richtiger Zeitpunkt: Seien Sie sensibel für die Umstände, in denen Sie nach einem Gefallen fragen. Ist Ihre Kontaktperson selbst im Stress oder entspannt?

▶ Als Wiederholung: die konkrete Zielanalyse. Bevor Sie Ihr Beziehungsnetzwerk aktiv nach beruflicher Unterstützung fragen, sollten Sie selbst genau wissen, was Sie erreichen wollen. Nur so können Sie gezielt vorgehen. Falls Sie zum Beispiel in einer anderen Abteilung tätig werden möchten, muss zu erkennen sein, dass Sie großes

Interesse und Vorkenntnisse für den angestrebten Job mitbringen. Niemand kann es sich leisten, seinen eigenen Ruf dadurch aufs Spiel zu setzen, dass er Leute empfiehlt, die für bestimmte Positionen ganz einfach nicht geeignet sind. Überlegen Sie sich daher vorab, wer positive Aussagen über Sie und Ihre Leistungen machen kann. Bitten Sie diese Personen um Kooperation; besprechen Sie im Vorfeld, welche Auskünfte über Sie gegeben werden sollten. Und: Lassen Sie nicht andere die Vorarbeit machen. Niemand wird sich für Sie überlegen, in welcher Abteilung es denn nett für Sie wäre. Seien Sie jedoch offen für Alternativen.

- ▶ Vorbereitung: Gehen Sie stets gut vorbereitet in Networking-Gespräche, damit die wichtigen Punkte in kurzer Zeit angesprochen und durchgearbeitet werden können. Drei bis vier Sätze rund um die Angelegenheit, für welche Sie um Unterstützung bitten, dann sollten Sie das Thema wechseln (es sei denn, der Gesprächspartner fragt nach).

- ▶ Kleidung: Mit der Anpassung Ihrer Kleidung an Ihren Gesprächspartner ermöglichen Sie eine Unterhaltung auf gleicher Augenhöhe – und das kann Wunder wirken. Haben Sie einen Termin mit einer eher leger gekleideten Führungskraft, die Sie zu einer Zusammenarbeit bewegen möchten, sollten Sie vielleicht nicht Ihren teuersten Anzug anziehen und die Manschettenknöpfe zu Hause lassen.

- ▶ Geduldig sein: Lassen Sie dem anderen Zeit zum Überlegen (»Ich melde mich nächste Woche wieder bei Ihnen, vielleicht ist Ihnen bis dahin eine nette Kontaktperson eingefallen, die in der Abteilung XY arbeitet«). Melden Sie sich in jedem Fall zum vereinbarten Zeitpunkt wieder und verdeutlichen Sie so, wie ernst Ihnen diese Anfrage ist.

▶ Neues Berufsfeld: Falls Sie ein neues Berufsfeld in Ihrer Firma ansteuern, sollten Sie eine Liste mit Fragen zum neuen Fachgebiet zusammenstellen. Wenn Sie dann mit Kontaktpersonen aus diesem Bereich sprechen, bekommen Sie schnell einen guten Überblick über aktuelle Trends, Probleme und Chancen in der Position. Zum Beispiel könnten Sie folgende Fragen stellen:

▷ Wie fanden Sie den Einstieg in Ihr Berufsfeld, in diese spezielle Position?
▷ Was gefällt Ihnen an Ihrem Beruf am besten?
▷ Was stört Sie am meisten an Ihrer Arbeit?
▷ Würden Sie sich wieder für Ihren Tätigkeitsbereich entscheiden und warum?
▷ Mit wem, der ebenfalls in diesem Bereich arbeitet, sollte ich noch reden?

Sie sollten sich stets umgehend bei denen bedanken, die Ihnen bei Ihrem Anliegen geholfen haben. Berichten Sie, warum gerade die Gespräche mit Frau X und Herrn Y so wichtig für Sie waren. So zeigen Sie, dass Sie sich über die Hilfe gefreut haben.

Wie Herr Kollar für seine Pläne Fürsprecher sucht

Endlich glaubt Herr Kollar zu wissen, wie es für ihn im Betrieb optimal weitergehen könnte. In seinem zukünftigen Aufgabengebiet als After-Sales-Mitarbeiter könnte er gut seine Erfahrungen als Verkäufer einbringen. Aber auch seine neuen Erkenntnisse und Kontakte aus der Buchhaltung rechnet er sich als ein überzeugendes Argument für sein Vorhaben an. Herr Kollar hat viel Fachliteratur gelesen und ausführlich die neuesten Trends der Autovermarktung studiert. Jetzt gilt es zunächst, seine Vorgesetzten zu überzeugen und als Fürsprecher für sein Vorhaben zu gewinnen. Vorsichtig erkundigt er sich, wie die Arbeitsplatzsituation der angestrebten After-Sales-Position aussieht.

Einen aktuellen Bedarf gibt es hier nicht, diese Aufgabe teilen sich zwei bürokaufmännische Halbtagskräfte.

Um mehr zu erfahren, wendet er sich abermals an seinen Ex-Vorgesetzten, Herrn Meier. Diesem hatte Herr Kollar unmittelbar nach dem so gut verlaufenen Gespräch mit dem neuen Vorgesetzten ausführlich berichtet und sich für die Unterstützung bedankt. Ohne ihn hätte Herr Kollar es sicherlich auch nicht so souverän gemeistert. Dafür lud er seinen Ex-Chef samt Frau zum Essen ein. Auch seine Freunde, die ihm bei seinem Kommunikationserfolg mit seinem Vorgesetzten geholfen haben, informiert er über den Gesprächsausgang. Mit einer kurzen, persönlichen E-Mail bedankt er sich noch einmal und weist auf seine in zwei Monaten stattfindende Geburtstagsparty hin, zu der er sie alle einlädt.

Nachdem Herr Kollar Herrn Meier von seinen Plänen berichtet hat, in den Bereich Marketing zu wechseln, sichert dieser ihm auch weiterhin seine Unterstützung zu. Er will sich einmal unauffällig umhören, mit wem Herr Kollar sprechen könnte. Eine Woche später ruft Herr Kollar bei Herrn Meier an, ob dieser inzwischen etwas herausgefunden hat. Herr Maier verneint, es sei gerade so viel los in der Firma, verspricht aber, sich zu melden.

Drei Tage später gibt er ihm folgende Information: Der Marketingleiter sei dabei, das strategische Marketing neu aufzustellen. Mit einer der beiden Teilzeitkräfte, die das After-Sales-Marketing betreuen, sei er unzufrieden. Genaueres konnte Herr Meier nicht herausfinden, aber Herr Kollar solle sich doch an die Beauftragte für Qualitätssicherung, Frau Boohn, wenden. Diese arbeite eng mit dem Bereich Marketing zusammen, sei hilfsbereit und sehr kommunikativ.

Herr Kollar überlegt, wie er Frau Boohn ansprechen könnte. Er hatte bislang mit ihr wenig Berührungspunkte, kennt sie nur flüchtig. Da fällt ihm sein Verbesserungsvorschlag ein. Dieser wurde über die Qualitätssicherung geprüft und sogar prämiert, ein erster Anknüpfungspunkt. Er überlegt sich, was er weiter sinnvoll in der Buchhaltung verbessern könnte.

Nachdem ihm eine halbwegs zweckmäßige Verbesserung eingefallen ist, wird er »kontakt-aktiv«. Wenn er nun von der Buchhaltung in den Vertrieb geht, macht er immer einen Umweg am Büro von Frau Boohn vorbei.

Als er die Tür offen findet, nutzt er die Chance und spricht sie an. Er wolle sich bedanken, es habe ja damals toll geklappt mit seinem Vorschlag und der Geldprämie und jetzt habe er wieder eine Idee. Er würde sich gern näher mit dem Vorschlagswesen auseinander setzen, hätte auch noch einen anderen Gedanken für schlankere Abläufe. Vielleicht hätte Frau Boohn einmal eine halbe Stunde Zeit für ihn? Sie freut sich über sein Interesse und sie verabreden sich für die kommende Woche.

Nun hat Herr Kollar einige Tage Zeit, sich auf das Gespräch vorzubereiten. Er erkundigt sich unauffällig über Frau Boohn, welchen beruflichen Werdegang sie hat und welche Ansichten sie im Unternehmen vertritt. Alle erhaltenen Informationen sammelt er auf Karteikarten. So vorbereitet, freut er sich auf das Treffen.

Herr Kollar nimmt sein Networking ernst. Er pflegt sein vorhandenes Beziehungsnetzwerk intensiv:

1. er steht regelmäßig in Kontakt zu seinen Freunden, Bekannten und beruflichen Unterstützern: durch persönliche Treffen, Telefonate, E-Mails;
2. er fragt aktiv nach Hilfe für sein konkretes Ziel;
3. er bedankt sich umgehend, wenn ihn jemand unterstützt hat;
4. er revanchiert sich für geleistete Hilfe, so dass sich niemand ausgenutzt fühlt;
5. er sucht aktiv neue Kontakte.

Das Wort »Problem« würde ich im Unternehmen
am liebsten verbieten. Probleme machen Angst!
Wer stattdessen »Aufgabe« sagt, schafft Mut.
Herbert Gienow

7. GEBOT: WERDEN SIE ZUM PROBLEMLÖSER!

Machen Sie sich unentbehrlich! Schärfen Sie Ihr Fähigkeits- und Problemlösungsprofil, entwickeln und vertiefen Sie Ihren USP (Unique Selling Proposition, auf Deutsch etwa: Ihr Alleinstellungsmerkmal, das Besondere an Ihnen und Ihren Fähigkeiten im Sinne von Kernkompetenz, Problemlösungserfahrung).

Zeigen Sie, *dass* und *was* Sie Besonderes können. Pflegen und vertiefen Sie dies ganz bewusst im Sinne der Umsetzung Ihrer PR- und Selbstmarketingstrategie und Ihrer persönlichen Prioritäten.

Stichworte: Präsentieren Sie mehr Antworten und weniger Fragen.

Der Chef ruft einen erfahrenen, langjährigen Mitarbeiter zu sich ins Büro: »Lieber Herr Maier, ich weiß, was Sie alles für uns, für den Betrieb getan haben, und ganz ehrlich, ich weiß nicht, wie wir es ohne Sie schaffen werden. Aber lassen Sie es uns einfach mal versuchen. Sie dürfen sich Ihre Papiere geben lassen ...«

Ein Witz – doch allzu oft auch Realität. Die drohende Gefahr des Arbeitsplatzverlustes schwingt gerade in schwierigen Zeiten stets mit. Die Unternehmensleitung wechselt, Produktlinien ändern sich, Märkte brechen zusammen. Kein Job ist mehr für die Ewigkeit, eine 40-jährige Laufbahn in einem Unternehmen zur absoluten Rarität geworden.

Wie schafft man es, in einem solchen beruflichen Umfeld unentbehrlich zu sein? Wie sollten Sie sich verhalten und was sollten Sie leisten, um Ihren Job zu behalten beziehungsweise gut auszufüllen?

Die reibungslose Bewältigung der täglichen Arbeit wird heutzutage als selbstverständlich vorausgesetzt. Nur ein unerwartetes Mehr an Leistung, Einsatz oder Flexibilität wird positiv registriert. Doch wer sind die Mitarbeiter, die im Unternehmen »das Licht ausmachen«?[31] Sind es die, die ständig am Leistungslimit arbeiten, viele Überstunden machen und sich stetig zurücknehmen?

In diesem Kapitel erfahren Sie, worauf es ankommt, wenn Sie sich unentbehrlich machen wollen. Wir legen Ihnen kurz und einprägsam dar, welche Fähigkeiten und Verhaltensweisen konkret gefragt sind, um dem Rotstift auszuweichen.

»Sich unentbehrlich machen« heißt nicht, dass Sie sich in der Firma als unersetzlich darstellen. Jeder kann und muss austauschbar sein, da sonst bei Wegfall einer Person der betriebliche Ablauf nicht gewährleistet wäre. Methoden wie die Nichtweitergabe von Informationen oder der Versuch, seinen Arbeitsplatz und die damit verbundenen Aufgaben so intransparent wie möglich zu gestalten, mögen kurzfristig Erfolg bringen (im Sinne von »nur Sie können entscheiden«), langfristig bewirken Sie damit genau das Gegenteil.

In unserem Verständnis bedeutet daher unentbehrlich sein, dass Ihr Leistungsprofil, Ihre Kompetenz und Ihre ganz besondere Art, Probleme zu lösen, hoch geschätzt werden; dass Sie quasi die »Perle« des Betriebes sind.

Das hat viel mit dem 4. Gebot, also mit Eigen-PR und Selbstmarketing zu tun, ist hier aber noch sehr viel stärker handlungs- und problemorientiert.

Unentbehrlichkeit – was es dazu braucht

Für den mentalen Einstieg in dieses Thema stellen Sie sich folgende Fragen:

- ▶ Was ist in *Ihrem* Leben unentbehrlich?
- ▶ Warum sind diese Personen/Dinge/Erlebnisse unentbehrlich?
- ▶ Was geben sie Ihnen, was sie von anderen unterscheidet?
- ▶ Welche Gefühle verbinden Sie damit?
- ▶ Insbesondere, wenn es sich um Personen handelt: Welche Eigenschaften schätzen Sie besonders an ihnen?
- ▶ Könnte etwas passieren, damit Sie sich von ihnen trennen?

Nehmen Sie sich für die Antworten auf diese Fragen Zeit und schreiben Sie sie auf.

In unseren Ausführungen werden Sie viele Punkte wiederfinden, die Sie vermutlich über Ihre »unentbehrlichen« Personen notiert haben. Bestimmte Werte und Tugenden werden an Menschen geschätzt, egal ob im Privat- oder Berufsleben.[32] Wir werden hier kurz die wichtigsten Strategien umreißen, möchten jedoch keinen kompletten Verhaltensplan aufzeigen. Denn bei allen Tipps und Hinweisen ist es wichtig, dass Sie authentisch bleiben und sich mit Ihren Verhaltensweisen wohl fühlen.

Die wichtigsten Basistugenden

Viele denken, sie müssten einen höchstmöglichen zeitlichen Einsatz leisten und jede Bitte erfüllen, um im Unternehmen positiv aufzufallen. Andere reden permanent über ihre eigenen Erfolge, verbunden mit der Kritik an Kollegen. Dies wird in den meisten Fällen nicht zum gewünschten Ziel führen. Wichtig ist, zunächst die »Basistugenden« aufzuweisen, die jeder Chef verlangt:

Angenehm im Umgang (Sie können es auch schlicht gutes Benehmen nennen): ein freundlicher Gruß und dabei das Gegenüber anschauen (beobachten Sie einmal bewusst, wie viele Personen Sie begrüßen und dabei wegschauen!), beim Essen (mit vollem Mund) nicht reden, anderen nicht ins Wort fallen. Benimm ist absolut in und kann schneller zu Erfolg führen als gute Arbeit. Knigges Botschaften erleben eine Renaissance, Seminare und Ratgeber über Tischmanieren, Netiquette oder Dresscodes haben Hochkonjunktur. Wer ohne ein gewisses Mindestmaß an Benimm auftritt, gilt schnell als wenig teamfähig und sehr unhöflich. Dabei ist es wichtiger, freundlich, takt- und rücksichtsvoll zu agieren, als zu wissen, welches Besteck man wie benutzt. Ihre Unkenntnis, wie man wen in welcher Reihenfolge vorstellt, wird man Ihnen eher verzeihen, als wenn Sie die Tür vor der mit Ordnern beladenen Sekretärin zuknallen lassen.

Lassen Sie sich nicht verunsichern. Die Grundregeln des Anstandes sind nicht kompliziert – begegnen Sie anderen mit Respekt, lassen Sie den Menschen Raum zum Atmen, seien Sie freundlich-positiv, sagen Sie »danke« und »bitte«. Und wenn Sie nicht weiterwissen – geben Sie es einfach zu und bitten Sie um Unterstützung. Lächeln Sie, und die meisten werden es Ihnen nicht übel nehmen. Im Gegenteil …

Zuverlässigkeit: Ob privat oder beruflich, es ist angenehm, mit jemandem umzugehen, der mitdenkt, auf den man sich verlassen kann, der Aufgaben in der erwarteten Qualität, zum vorgegebenen Zeitpunkt ohne weitere Erinnerung abliefert. Zuverlässige Mitarbeiter bieten den Vorteil, dass sie nicht stark kontrolliert werden müssen. Das spart Vorgesetzten Zeit und Stress – gerade in Krisenzeiten ein äußerst wichtiger Faktor. Zuverlässigkeit geht dabei weit über Pünktlichkeit hinaus und hängt eng mit Gewissenhaftigkeit, Pflicht- und Verantwortungsbewusstsein zusammen. Gehen Sie um 17.03 Uhr noch ans Telefon, wenn Sie eigentlich um 17.00 Uhr Feierabend haben? Wie erledigen Sie die Urlaubsvertretung für Ihren Kollegen? Halten Sie sich an Abmachungen? Sitzen Sie Aufgaben aus oder gehen Sie diese aktiv an?

Zeigen Sie sich als Mitarbeiter, auf den man zählen kann. Das heißt nicht, dass Sie jede Aufgabe auch in der vorgegebenen Zeit lösen können müssen – Sie sagen jedoch rechtzeitig Bescheid und bieten Alternativen an, wenn Sie es nicht schaffen.[33]

Fragen Sie außerdem aktiv nach, ob Sie Aufgaben richtig verstanden haben. (»Ich soll also zunächst die Präsentation fertig stellen, mit den Mindestanforderungen für den Vertrieb auf maximal zehn Seiten? Würde dies bis um 16.00 Uhr reichen? Und ist es in Ordnung, wenn dafür das Angebot an die Firma Sturm liegen bleibt? Ich werde die Firma dann telefonisch informieren, dass ich mich morgen umgehend melde.«) Zuverlässig kann nur sein, wer weiß, was er zu welchem Zeitpunkt wie abzuliefern hat. Informieren Sie sich daher lieber einmal zu viel über den Stand der Dinge, als Annahmen zu treffen, die dann nicht stimmen.

Grundoptimismus: Der ewige Oberbedenkenträger, der notorische Nörgler, der schwarz sehende Pessimist – wenn jede Änderung oder Entscheidung kritisiert und negativ hinterfragt wird, ist die Geduld von Vorgesetzten und Kollegen schnell am Ende. Solche Mitarbeiter gelten als anstrengend und unangenehm. Halten Sie sich etwas mehr zurück. Sie machen es für sich nicht besser, wenn Sie Ihrem Ärger, Ihrem Frust und Ihrer Verzweiflung vor Ihrem Vorgesetzten ständig Luft machen. Besser ist, zunächst abzuwarten und nicht sofort alles in Bausch und Bogen zu kritisieren. Oft hören sich Dinge schlimmer an, als sie sind. Wenn Sie selbst eine Nacht über etwas geschlafen haben, sieht es zumeist viel positiver aus. Konkrete Fragen zu stellen oder konstruktive Kritik zu üben, ist jedoch erlaubt. Hier sieht Ihr Vorgesetzter, dass Sie sich mit der Thematik auseinander setzen und die Situation aus verschiedenen Blickwinkeln betrachten wollen.

Loyalität: Wir leben in einer Lästerkultur. Tratsch und Klatsch beherrschen das Tagesgeschehen, gerade auch in Krisenzeiten. Oft sind Vorgesetzte dabei die Zielscheibe. Doch selbst wenn Sie noch so Recht haben mit Ihren Anmerkungen: Im Unternehmen sollten Ihre Bemerkungen so moderat ausfallen, dass Sie sie auch Ihrem Chef persönlich sagen könnten. Loyalität selbst bei nicht völliger Zustimmung ist die Zauberformel für Chefs. Denn egal wie kompetent, wie serviceorientiert oder wie flexibel Sie sind: Wenn Ihr Vorgesetzter den Eindruck hat, Sie arbeiten gegen ihn, werden Sie nicht weiterkommen oder gar auf die »Abschussliste« gesetzt. Sagen Sie ihm lieber direkt, was Sie für änderungs- oder verbesserungswürdig halten.[34] Gegenüber anderen sollten Sie sich positiv äußern oder zumindest deutlich zurückhalten.

Stellen Sie es sich andersherum vor: Sie erwarten von Ihrem Vorgesetzten auch, dass er Sie schützt und sich vor Sie stellt. Wenn er in anderen Abteilungen erzählen würde, wie inkompetent und unflexibel Sie sind, wären Sie vermutlich auch entsetzt und würden innerlich kündigen.

»Verflucht noch mal, klappt hier denn gar nichts mehr?«, brüllt Hans-Werner Reit lautstark durchs Büro. Der 52-jährige Abteilungsleiter eines Zulieferers für Computerteile wühlt in seinen Unterlagen. »Brigitte, wo ist verdammt noch mal der Auftrag von Computex?« Schweiß tritt auf seine Stirn, seine Adern sind vor Zorn geschwollen. Brigitte, seine Sekretärin, steht händeringend in der Tür. »Ich weiß nicht, wo Sie die Unterlagen gelassen haben. Ich habe sie nicht in den Händen gehabt, und ich darf Ihren Schreibtisch ja nicht einmal berühren!« Auch sie beginnt zu schwitzen. Sie hasst es, wenn ihr Vorgesetzter nach Schuldigen sucht.
Jörn Rose, seit einigen Jahren Mitarbeiter von Hans-Werner Reit, kommt in diesem Moment am Büro seines Vorgesetzten vorbei. Er hört die beiden letzten Sätze, hält inne und schaut ins Zimmer hinein. »Kann ich helfen, Chef?«, fragt er mit sympathischem Lächeln. Ein wenig irritiert schaut Hans-Werner Reit hoch, sieht in das Gesicht seines Mitarbeiters, bemerkt seine Hilfsbereitschaft und sein Wohl-

wollen und wird schlagartig ruhiger. »Ja, Sie können tatsächlich helfen«, sagt er, sich schon ein wenig entspannend. »Wir sind auf der Suche nach dem Auftragsformular von der Firma Computex. Dieser Riesenauftrag, Sie wissen schon. Ich wollte ihn gerade bearbeiten, kann ihn aber nicht mehr finden.«

Jörn Rose überlegt. Er hat den Auftrag nicht in den Händen gehabt und weiß auch nicht, wo er suchen sollte. »Wenn Sie wollen, könnte ich den Auftrag noch mal schriftlich von Computex anfordern. Ich habe einen guten Draht zu einem Vertriebsmitarbeiter bei denen, den kann ich bitten, uns die Unterlagen noch mal zu senden. Das wird sicher möglich sein«, bietet Jörn Rose seine Unterstützung an. »Ja, danke, das wäre prima«, sagt Hans-Werner Reit und ist nicht zum ersten Mal froh über einen so guten, hilfreichen und damit wertvollen Mitarbeiter.

Jörn Rose wird in der Firma als »der Problemlöser« bezeichnet. Ruhig und freundlich steht er seinen Vorgesetzten und Kollegen mit Rat und Tat zur Seite. Ob es um eine kaputte Kaffeemaschine, Computerprobleme oder Schwierigkeiten mit der Auftragsabwicklung geht – er findet eine pragmatische Lösung oder weiß zumindest, wen er dafür fragen oder einspannen kann. Er kennt sich mit seinem Aufgabengebiet gut aus und interessiert sich für Prozesse und Aufgaben, die um ihn herum erledigt werden sollen. So bekommt er vieles mit und greift aktiv ein, wenn jemand Unterstützung benötigt. Auch wenn die Firma sparen möchte, wird Jörn Rose sich um seinen Job keine Gedanken zu machen brauchen.

Im Folgenden möchten wir Ihnen wirksame Vorgehensweisen vorstellen, die Sie zu einem gefragten Mitarbeiter machen können. So schärfen Sie Ihr eigenes Profil und werden unverwechselbar. Sie treten den Beweis an, etwas wirklich Wichtiges konkret zu leisten.

1. Bestandsaufnahme Ihrer Stärken[35]

Um sich beruflich positiv zu positionieren, sollten Sie zunächst Ihre persönlichen Fähigkeiten genau analysieren. Dabei interessiert alles, was Sie von anderen positiv unterscheidet: Ihre beruflichen Stärken, Ihre charakterlichen Qualitäten und Merkmale. Fragen Sie sich beispielsweise, welche speziellen Probleme Sie bereits wiederholt gelöst haben oder ob Sie über besondere Kontakte zu bestimmten wichtigen Personen verfügen.

Je sicherer und klarer Sie Ihre persönlichen Stärken und Ihre Problemlösungskompetenz benennen können, desto besser wird es Ihnen gelingen, ein unverwechselbares Leistungsprofil zu präsentieren. Ihre Vorgesetzten und Kollegen sollten Sie dabei ganz klar als Problemlöser für ganz bestimmte elementar wichtige Aufgaben erkennen.

Dabei ist dieses Feld ganz breit gefächert: Haben Sie ein sehr verzweigtes Netzwerk in der Firma und können Sie diese Personen gut einschätzen? Dann könnten Sie sich einen Ruf als Spezialist für zwischenmenschliche Kommunikation erarbeiten. Oder sind Sie besonders gut im Finden pragmatischer Lösungsvorschläge? Dann werden sich Vorgesetzte und Kollegen gern an Sie wenden, wenn Fehler auftauchen, die dringend behoben werden müssen.

Es gibt viele Fähigkeiten, die im beruflichen Feld bedeutsam sind: das sensible Formulieren von Geschäftsbriefen, weit reichende PC-Kenntnisse oder kreative Ideen sind nur einige Beispiele. Ihre Aufgabe ist es zu erkennen, welche Themenfelder für Ihre »Zielgruppe« (in der Regel Ihr Vorgesetzter, eventuell Ihre Kollegen) wichtig sind und welche Sie mit Ihren Fähigkeiten abdecken können und wollen. Wenn Ihr Chef sich mit PowerPoint schwer tut und Ihnen die Erstellung von Präsentationen leicht fällt, sollten Sie Ihre Unterstützung anbieten.

Überlegen Sie genau, welche Kombination aus Ihren Fähigkeiten und den Problemstellungen Ihrer Zielgruppe die größte Aussicht auf Anerkennung hat.

2. Kompetenz erweitern

Auf der Grundlage Ihrer im vorherigen Abschnitt erlangten Erkenntnisse sollten Sie Ihre Kompetenzen ausbauen. Welche Problemfelder sind in Ihrem beruflichen Umfeld wichtig und wie können Sie diese (auch zukünftig immer besser) lösen?

Sammeln Sie systematisch Ideen, Anregungen und Vorschläge, die zur Entwicklung neuer Vorgehensweisen oder anderer Lösungsansätze beitragen könnten. Was könnte Ihnen, Ihren Kollegen oder Ihrem Chef die tägliche Arbeit leichter machen? Interessieren Sie sich für die Arbeit der Kollegen, fragen Sie, was diese genau machen. Vielleicht erkennen Sie Zusammenhänge zu Ihren eigenen Aufgaben und können so Arbeitsprozesse anders beleuchten.

Analysieren Sie ferner genau, was Ihnen persönlich noch an Kompetenz fehlt, um besondere Lösungen anbieten zu können. In der Buchhaltung wird SAP eingeführt und keiner weiß, wie es funktioniert? Hier können Sie schnell Pluspunkte sammeln, wenn Sie sich bereits vorab mit dieser Materie beschäftigen. Denken Sie jedoch daran, dass Sie an den Aufgabenstellungen auch grundsätzlichen Spaß haben sollten. Wenn bereits das alte Buchhaltungssystem ein Buch mit sieben Siegeln für Sie war, sollten Sie sich lieber ein anderes Themenfeld suchen, in dem Sie punkten können. Nur in Tätigkeiten, die Ihnen Freude machen, werden Sie langfristig erfolgreich sein und sich positiv von anderen unterscheiden.

Nutzen Sie die Ihnen angebotenen Weiterbildungen und belegen Sie auch privat Kurse. Oft sind es nicht nur die Inhalte, die Sie dabei weiterbringen, sondern Sie lernen auch andere Menschen kennen, die Sie wiederum auf Ideen bringen oder beruflich unterstützen können. Lebenslanges Lernen und Flexibilität im Kopf sind wichtige Voraussetzungen, um fachliche Kompetenz überzeugend zu transportieren.

Ein umfangreiches Spezialwissen zu einem im Unternehmen gefragten Thema ist ein guter Weg, sich unersetzlich und die eigene Person auch über die Abteilungsgrenzen hinaus bekannt zu machen. Eignen Sie sich also Expertenwissen für Ihre Branche an. Indem Sie etwas ganz Spezielles wissen oder können, machen Sie sich gezielt und damit planvoll unentbehrlich für Ihr Unternehmen und attraktiv für potenzielle andere Arbeitgeber.

3. Informieren und Feedback einfordern

Sie haben eine Bestandsaufnahme Ihrer Stärken und Vorzüge gemacht und Ihre Kompetenzen auf bestimmte, wiederkehrende Probleme ausgerichtet. Jetzt sollten Sie im beruflichen Umfeld, insbesondere mit Ihrem Chef, darüber sprechen, damit auch wirklich auffällt, was Sie tun.[36] Grundsätzlich ist es immer positiv, wenn Ihr Vorgesetzter über Ihre Projekte und Tätigkeiten informiert ist. Ein kurzer wöchentlicher Bericht, wo Sie stehen und hinwollen, gibt Ihnen Gelegenheit, sachlich zu schildern, welche Schwierigkeiten Sie wie gelöst haben und welchen Erfolg das dem Unternehmen gebracht hat. Ihre Arbeitsergebnisse sollten im Mittelpunkt Ihrer Lagebesprechung stehen. Vielleicht haben Sie sich in eine falsche Richtung hin orientiert und bieten so Ihrem Chef die Gelegenheit, diese zu korrigieren. In dieser Form passen Sie Ihr Wissen und Ihre Lösungskompetenz stets dem aktuellsten Stand an.

Fordern Sie aktiv Feedback ein. Ergreifen Sie die Initiative und fragen Sie nach, wie zufrieden Ihr Chef mit Ihnen und Ihren Leistungen ist, was Sie bereits gut machen und was Sie verbessern sollten. So lernen Sie abzuschätzen, ob Ihre Ergebnisse tatsächlich entsprechend ankommen oder noch nicht so (an)erkannt werden. Ihre Selbstwahrnehmung wird geschult; Sie erhalten Tipps und Anregungen, die Sie weiterbringen.

4. Den Chef bei seinem Erfolg unterstützen

Eine der für Sie wichtigsten Personen im Unternehmen ist Ihr direkter Vorgesetzter. Er wird in der Regel über Ihre Beförderung oder sogar Ihre Kündigung (mit) entscheiden.

Um Ihren Vorgesetzten richtig zu verstehen, ist es wichtig, seine Denk- und Verhaltensweisen zu durchschauen. Wir kommen dafür noch einmal auf die Entstehung von Sympathie[37] zurück: Zu Sympathiegefühlen bei Ihrem Gegenüber kommt es immer dann, wenn Sie bei ihm den Eindruck und die Hoffnung erwecken, dass Sie einen Beitrag zu seiner Bedürfnisbefriedigung (zum Beispiel Aufmerksamkeit, Zuwendung, Erfolg, Macht) leisten können. Doch wie können Sie dies bewerkstelligen?

Hierbei hilft Ihnen ein vorübergehender Rollentausch: Wenn Sie sich in die Lage Ihres Vorgesetzten versetzen, sollte es Ihnen gelingen, seine Probleme leichter zu erkennen und zu verstehen.

- ▶ Welche Ziele hat er?
- ▶ Welches Bedürfnis steht bei ihm ganz oben?
- ▶ Welche beruflichen Prioritäten setzt er? Was ist für ihn wichtig?
- ▶ Was ist vermutlich sein größtes Problem?

Diese Fragen können Sie auf verschiedene Weise beantworten: durch intensive Beobachtungen, wie Ihr Vorgesetzter mit seinem Umfeld umgeht, durch Analyse seiner Vergangenheit und seines Werdegangs oder durch Gespräche mit dem Vorgesetzten selbst oder mit den Kollegen. Nach dieser Analyse wird es Ihnen deutlich leichter fallen, etwas zu seiner Bedürfnisbefriedigung beizutragen, da Sie nun seine konkreten Probleme deutlich besser kennen und passgenauere Lösungen anbieten können.

Wichtig ist auch, die Erwartungen Ihres Vorgesetzten zu erspüren. Was verlangt er von Ihnen, welche Tugenden sind für ihn essenziell, was heißt für ihn »gute Leistung«? Wie will er von Ihnen informiert werden? Wie arbeitet er selbst? Welche Stärken und Schwächen hat er?

Wenn Sie sich intensiv mit seiner Person und seinem Verhalten auseinander setzen, wird es Ihnen viel leichter fallen, sich auf ihn einzustellen und ihn damit für sich zu gewinnen. Er ist am Montagmorgen immer brummelig und schlecht gelaunt? Kein guter Zeitpunkt, sich bei ihm einen Termin geben zu lassen. Nach den Vorstandssitzungen ist er meist gereizt? Hier wird deutlich, dass auch er unter dem Druck seiner Vorgesetzten agieren muss und bestimmten Erwartungen ausgesetzt ist. Ein nettes Kompliment kann ihn vielleicht auflockern und wieder positiv stimmen. Zeigen Sie ihm, dass Sie Verständnis für ihn haben und dass er sich auf Sie verlassen kann.[38]

Sie werden nach kurzer Zeit feststellen, dass Sie es bedeutend einfacher haben, ihn von Ihren Zielen, von Ihren Ergebnissen zu überzeugen. Und ein von Ihnen überzeugter Chef wird Sie schätzen und unterstützen – auch in schwierigen Zeiten.

Herr Kollar macht sich unentbehrlich

Herr Kollar und Frau Boohn, die Beauftragte für Qualitätssicherung, sitzen zusammen in ihrem Büro und sprechen über seinen Verbesserungsvorschlag. Sie hört seinen Erläuterungen aufmerksam zu, stellt interessiert Fragen. Noch nicht ganz rund und zu Ende gedacht, meint sie, aber doch sehr brauchbar. Am besten solle Herr Kollar noch einmal genau recherchieren, vielleicht könnten Arbeitsprozesse tatsächlich verschlankt werden. Dann müsse er den Vorschlag offiziell einreichen.

Herr Kollar bedankt sich für den Tipp. Er fragt sie, wie viele Vorschläge denn so monatlich eingereicht werden und ob viele aus dem Vertrieb dabei sind. So um die zehn Stück, erwidert sie, etliche davon auch aus dem Vertrieb. Wenn sie Fragen dazu habe, könne sie ihn gern ansprechen, bietet Herr Kollar an. Und auch mit dem neu installierten PC-Programm kenne er sich gut aus. Wenn sie also seine Unterstützung benötige – er sei schon lange im Unternehmen und würde ihr gerne seine Hilfe anbieten.

Abends schickt er ihr eine Mail mit dem optimierten Verbesserungsvorschlag. Mit einem kurzen Dank für ihre Zeit und einem Link zu allen Billigfliegern. Sie hatten sich kurz über ihren Wunsch unterhalten, einmal ein verlängertes Wochenende nach Island zu fliegen. Drei Tage später erhält er einen Anruf von ihr. Sie muss einen Verbesserungsvorschlag für Vertriebsprozesse bewerten und versteht die Hintergründe nicht ganz, ob er etwas Zeit erübrigen könne. Herr Kollar macht sich direkt nach seiner Arbeit auf den Weg und zeichnet ihr ein Ablaufdiagramm – vom Angebot über den Verkaufsvertrag bis hin zu Kundenbindungs-Mailings. Und wenn sie dann noch Fragen habe, lässt er sie wissen, könne sie sich an Herrn Joachim Scholz wenden, der mache die Datenselektion und sei sehr fit, was diese Prozesse angehe.

Herr Kollar macht nun regelmäßig einen Umweg, um in ihr Büro zu schauen. Tatsächlich kann er ihr öfter helfen – sei es bei der Eingabe von Daten oder der Suche nach dem richtigen Ansprechpartner. Frau

Boohn scheint sich zu freuen, wenn sie ihn sieht. Sie wird zunehmend offener und erzählt ihm auch von beruflichen Sorgen und sogar privaten Nöten. Eines Tages fragt sie ihn, wie er denn mit seinem neuen Chef auskomme? Sie hätte da ja einiges gehört ... Herr Kollar versucht neutral zu bleiben. Ja, mit seinem Chef komme er gut aus, er unterstütze ihn und sei nur manchmal etwas gestresst. Er sei eben immer noch neu und kenne die Prozesse noch nicht so. Sie vertieft die Thematik nicht weiter, als sie sieht, dass er sich nicht wirklich dazu äußern mag.

Als sie ihn jedoch fragt, ob sie sich mal für seine zahlreichen guten Taten revanchieren könne, erzählt er ihr von seinem Wunsch, in den Bereich After-Sales-Marketing zu gehen. So könne er Bürotätigkeit und Kundenkontakt kombinieren. Er habe schon diverse Fachliteratur gelesen und hätte auch bereits einige Ideen, was man eventuell machen könne. Sie erwidert, dass sie schauen will, was sie für ihn tun kann. Jemand wie er, der in so vielen Bereichen fit und so hilfsbereit sei, könne man doch immer gebrauchen. Sie werde einmal inoffiziell mit dem Marketingleiter Herrn Arnold sprechen. Diesen kenne sie ganz gut und wisse, dass er immer an kompetenten, zuverlässigen Leuten interessiert sei.

8. Gebot: Bleiben Sie gelassen!

Beweisen Sie Ausdauer und Geduld, bewahren Sie sich Humor und Optimismus. Achten Sie auf Ihre innere Stimme, auf Ihr Gefühl, nicht nur auf den Verstand. Gerade in schwierigen Zeiten können Mitarbeiter, die gelassen und ruhig reagieren, Pluspunkte machen. Versuchen Sie zu analysieren, ob kritische Bemerkungen wirklich auf Sie und Ihre Leistungen bezogen sind – oder vielleicht eher einer Stresssituation und Unbeherrschtheit entspringen. Das wäre dann so ein Fall von Nicht-Gelassenheit!

Hektischer, zielloser Aktionismus, panisches Verhalten oder überschäumende emotionale Reaktionen sind kontraproduktiv, erhöhen die Fehlerhäufigkeit und nerven Kollegen wie Vorgesetzte. Und so liegt beruflicher Erfolg nicht nur in wichtigen Fähigkeiten wie Kontakt- und Kommunikationsvermögen, Konzentrationskraft, Sympathiegewinnung und erfolgreichem Networking, sondern auch in der Fähigkeit, Ruhe und Souveränität zu bewahren. Etwas allgemeiner: Es geht um soziales und emotional intelligentes Verhalten in der Arbeitswelt.

Stichworte: Geduld, Ausdauer und Gelassenheit

Roland Klages, Abteilungsleiter einer PR-Agentur, verlässt sein Büro und geht durch den langen Flur mit den verglasten Räumen, in denen seine Mitarbeiter sitzen. Er tritt in das Büro von Mareile Füsch, die gerade über einigen Ideen für eine Joghurtfirma brütet. »Frau Füsch!«, ruft Roland Klages mit leicht hysterischer Stimme. »Wir haben ein Problem! Wir haben sogar ein Riesenproblem!«

Mareile Füsch blickt von ihrer Arbeit auf, in die sie gerade noch ganz vertieft war. »Was ist denn los?«, fragt sie.

»Ich hatte eben ein sehr unangenehmes Telefonat mit dem Marketingleiter von der Friedrich AG, dem Herrn Schaub, ich weiß gar nicht, ob sie den kennen, so ein aalglatter, immer freundlich lächelnder Typ. Der spricht ständig ganz leise, aber seine Worte sind messerscharf. Der ist absolut unzufrieden mit unseren Kampagnenvorschlägen. Bis morgen will der ein neues Konzept vorgelegt bekommen. Ich weiß nicht, wie wir das schaffen, aber wir müssen.« Die roten Flecken an Hals und Gesicht sind bei Herrn Klages unübersehbar.

Als Mareile Füsch ihren Chef so aufgelöst sieht, steigt auch bei ihr ein wenig Panik auf. Doch da sie weiß, dass zwei Leute mit Hektik und Nervosität erst recht nichts auf die Reihe bekommen, ringt sie ihre Aufregung nieder, atmet dreimal sehr bewusst und langsam ein und aus und sagt dann mit aller ihr zur Verfügung stehenden Gelassenheit in der Stimme: »Sicher, wir haben ein Problem, das ist unangenehm, war sicherlich kein leichtes Gespräch für Sie mit Herrn ... äh, wie heißt er doch gleich ...?«

»Schaub, Frau Füsch, Schaub, den Namen müssen Sie sich jetzt aber merken, ich glaube Sebastian oder so, Sebastian Schaub, Frau Füsch ...«

»Ja, Herr Klages, richtig, Sebastian Schaub von der Friedrich AG in Wiesbaden, der noch relativ junge Marketingleiter. Der kann sicherlich ziemlich anstrengend sein. Wir haben ihn aber doch damals mit unseren Vorschlägen zu dem Golden-Globe-Projekt recht zufrieden gemacht. Und das wird uns auch wieder gelingen, da bin ich mir sicher, das schaffen wir. Gemeinsam! In wie vielen Tagen? Übermor-

gen. Das kriegen wir schon hin, Chef, gemeinsam ist das schon zu schaffen. Auch wenn es heute Abend sicherlich etwas später wird. Hat er denn gesagt, was genau ihm nicht gefällt an unserem Vorschlag?«

»Ja, er sagte unter anderem, dass wir ihm zu soft rangehen und dass wir seiner Meinung nach auch die falschen Medien informieren wollen. Die sehen sich plötzlich doch mehr im gehobenen Frauenzeitschriftensegment und nicht mehr bei der Regenbogenpresse«, stöhnt Roland Klages.

»Wenn das so ist, müssen wir wohl wirklich eine neue Kampagne entwickeln. Komplett neu. Zum Glück ist der Abgabetermin für den Joghurt erst Ende nächster Woche. Ich kann Ihnen also sofort zur Verfügung stehen. Und wer sollte uns noch helfen und uns vielleicht etwas zuarbeiten? Ich schlage vor, wir überlegen uns das jetzt und ich mache uns erst mal einen Tee.« Mareile Füsch weiß, dass das den Magen ihres Abteilungsleiters beruhigt und zu seiner Entspannung beiträgt.

Zusammen überlegen sie sich, wen sie mit in diese Aufgabe einbinden können. Eine lange Arbeitsschicht steht ihnen bevor. Aber mit Zuversicht und kühlem Verstand werden sie es schaffen. Nerven behalten, leichter gesagt als gelebt ...

Die Erkenntnis, dass im Arbeitsleben neben Sachverstand und Fachkenntnissen vor allem soziale Kompetenzen und emotionale Intelligenz zählen, hat sich in den Personalabteilungen zunehmend durchgesetzt. Steigende Kundenorientierung und eine veränderte Unternehmenskultur, in der Teamarbeit und Gruppenleistung eine wesentlich zentralere Rolle spielen als je zuvor, lassen Kompetenzen wie Kontakt- und Kommunikationsfähigkeit einerseits und Persönlichkeitseigenschaften wie Geduld, Ausdauer und Frustrationstoleranz andererseits zu den wichtigsten beruflichen Schlüsselqualifikationen werden.

Dabei ist unser Stichwort von der Gelassenheit hier eher als

Synonym zu verstehen, als wichtiges Persönlichkeitsmerkmal für die vielen Soft Skills, auf die es in der Arbeitswelt ankommt. Und trotzdem, gerade in schwierigen Zeiten, wo scheinbar eine schlechte Nachricht nach der anderen eintrifft, ist schnell eine (Untergangs-)Stimmung von Hektik und Kopflosigkeit erzeugt, von Mutlosigkeit und Verzweiflung bis hin zu »hat ja doch alles keinen Sinn«. Doch Stagnation und Depression gilt es bewusst etwas entgegenzusetzen. Auf den Punkt gebracht ist es so etwas wie Gelassenheit. Sie hilft, die Dinge entspannter, mit Ruhe und Abstand zu betrachten, um so angemessener auf Herausforderungen des harten Berufsalltages reagieren zu können.

Neben dem richtigen Maß an Selbstbewusstsein, Sympathiemobilisierungskraft und kommunikativer Begabung spielen gerade Soft Skills der emotionalen und sozialen Intelligenz eine bedeutende Rolle in der Arbeitswelt.

Keiner hört es in einer schwierigen Arbeitssituation gern, wenn sein Gegenüber oder Mitstreiter erklärt, wie verfahren, ja wie aussichtslos die Situation ist. Unsichere, schlechte Gefühle, mit denen hat man oftmals selbst genug zu kämpfen. Was man sich da wünscht, ist eher jemand, der einen ermutigt, der das Licht am Ende des Tunnels schon erblickt, eine Person, die einen mit einer positiven statt apokalyptischen Vision mitreißt, die einen begeistert statt runterzieht. Auf Miesmacher verzichtet man gerne, Mutmacher werden dagegen immer gebraucht, und so sind Ihre positive Gelassenheit (nicht mit Wurstigkeit zu verwechseln), Ihre Ruhe und Sicherheit, Ihr Optimismus hilfreiche Garanten für Ihre berufliche Position.

Ihr Gefühlsmanagement: emotionale und soziale Intelligenz

»Cogito, ergo sum. – Ich denke, also bin ich.« Dieser berühmte Ausspruch des französischen Philosophen René Descartes bestimmte über einen langen Zeitraum das abendländische Denken im Sinne einer einseitigen Verstandes- und Vernunftorientierung. Der amerikanische Psychologe Howard Gardner wies jedoch in den 1970er Jahren darauf hin, dass der Begriff der Intelligenz bis dahin viel zu einseitig – reduziert auf logisch-rationale Fähigkeiten – definiert worden war. Er formulierte daraufhin das Modell der »multiplen Intelligenzen«. Gardner klassifizierte die verschiedenen Arten von Intelligenz so:

▶ sprachliche Intelligenz
▶ mathematisch-logische Intelligenz
▶ räumliches Wahrnehmungsvermögen
▶ musikalische Intelligenz
▶ körperlich-motorische Intelligenz
▶ intrapsychische Intelligenz (die Fähigkeit, eigene Gefühle richtig einzuordnen)
▶ interpersonale Intelligenz (die Sensibilität, auf das Gefühlsleben anderer eingehen zu können)[39]

Die beiden letztgenannten Formen der Intelligenz bilden das Gerüst der **emotionalen Intelligenz**, jener Form der Intelligenz, die beim Networking (siehe 6. Gebot) oder bei Teamarbeit in erster Linie gefordert ist.

Die fünf wesentlichen Charakteristika der emotionalen Intelligenz:

▶ das Erkennen der eigenen Gefühle
▶ die Fähigkeit, eigene Emotionen konstruktiv einzuordnen
▶ die emotionale Kreativität (das Umsetzen der emotionalen Kraft)
▶ die Empathie (die Fähigkeit, sich in die Gefühle anderer Menschen hineinzuversetzen)
▶ das Engagement im zwischenmenschlichen, sozialen Verhalten[40]

Die Quintessenz dieser Betrachtungen über die emotionale Intelligenz lässt sich so zusammenfassen: »Für die Gesamtheit der Fähigkeiten, die die Intelligenz der Gefühle darstellen, gibt es ein altmodisches Wort: Charakter.«[41]
Die soziale Kompetenz stellt einen erheblichen Aspekt der emotionalen Intelligenz dar. Unter sozialer Kompetenz versteht man primär die Fähigkeit, die zwischenmenschlichen Beziehungen, sei es nun verbal oder nonverbal, konstruktiv und für alle Beteiligten zufrieden stellend zu gestalten. Das Fundament der sozialen Kompetenz bildet die so genannte **soziale Intelligenz,** das heißt »die Fähigkeit, andere zu verstehen und in menschlichen Beziehungen klug zu handeln«.[42]
Soziale Intelligenz ist also die Sensibilität, auf Stimmungen, Motive und Intentionen anderer Menschen eingehen zu können und diese menschlich-kreativ weiterzuverarbeiten. Soziale Intelligenz kann somit als *interpersonelle* oder *zwischenmenschliche* Intelligenz angesehen werden und ist eine Art Treibstoff zum Beispiel für Ihr Networking.

Mit mehr Gelassenheit zum Ziel

Wesentliche Kernpunkte der sozialen Kompetenz[43] sind Kontakt- und Kooperationsvermögen, die Bereitschaft, Informationen weiterzugeben, Einfühlungsvermögen im Umgang mit anderen, Integrationsfähigkeit und Frustrationstoleranz.

Insbesondere der letzte Punkt trägt entscheidend zu einem souveränen Auftritt bei, wie sich ihn Arbeitsplatzanbieter und Vorgesetzte wünschen. Nur wer über Selbstdisziplin verfügt, kann auf persönliche Angriffe angemessen reagieren, lässt sich nicht provozieren und ist somit in seiner Stimmungslage berechenbar. Gelassenheit heißt, mit Frustrationen umgehen zu können, auch bei Enttäuschungen weiterzumachen und die eigenen Stimmungen zu regulieren.

Doch wie schaffen Sie es, gelassen zu bleiben, bei all dem Stress und den Erwartungen, die Sie selbst und andere an Sie haben?

Stressbewältigung

Nur wer sich befreien kann von äußerem Erfolgsdruck und zu großen Erwartungen, wird die gewünschte Wirkung erzielen. Methoden zur Stressbewältigung helfen, dem Stress entgegenzusteuern und so Ihre Leistungsfähigkeit und Lösungsorientierung aufrechtzuerhalten. Lernen Sie Entspannungstechniken wie Yoga oder Autogenes Training, um langfristig besser mit Stress umzugehen.

Für den kurzfristigen Umgang mit unvorhergesehenen Stresssituationen empfehlen sich die folgenden Übungen.

Atmen Sie tief durch!

Unter Stress, bei Überforderung oder Angst geht unsere Atmung schnell und flach. Unser Körper und das Gehirn werden nicht mehr genügend mit Sauerstoff versorgt. Durch gezieltes tiefes Atmen können Sie diese Stress- und Anspannungsmomente reduzieren. Daher: Atmen Sie, egal was passiert, ruhig und tief ein und aus. Zählen Sie innerlich jeden Atemzug mit. Ihnen wird es bereits nach wenigen Sekunden besser gehen.

Gewinnen Sie Abstand!
Versuchen Sie sich vorzustellen, jemand anderes sei in Ihrer Stress auslösenden Situation (schließen Sie dazu kurz die Augen). Was würden Sie der anderen Person raten, die sich in ähnlichen Umständen wiederfindet? Sie werden feststellen: Durch diese »Entpersonalisierung« werden Sie Ihr Problem mit anderen Augen betrachten und leichter Lösungsvorschläge finden.

Denken Sie ruhig nach!
In vielen Stresssituationen denken wir nicht mehr nach, sondern reagieren panisch und steigern uns so weiter in die Angst hinein. Nutzen Sie Ihren Kopf, dann bekommen Sie auch Ihre Gefühle in den Griff. Hier hilft, sich einmal vorzustellen, was in dieser Situation schlimmstenfalls passieren könnte. Wie wahrscheinlich ist dieser schlimmste Fall? Und was könnten Sie dann dagegen tun? Ist Ihr Problem wirklich aussichtslos oder bietet es auch Chancen? Wie wichtig ist dieses Ereignis für Ihre Zukunft – hat es in einem, zwei oder fünf Jahren noch diese Bedeutung für Sie?
Und kennen Sie das nicht auch schon irgendwie? Haben Sie nicht ähnliche Probleme bereits gemeistert? Denken Sie einmal so darüber nach ...

Love it, leave it or change it!
Falls Sie grundsätzlich durch bestimmte Situationen in Ihrem beruflichen Alltag gestresst sind, fragen Sie sich doch

einmal, was Sie daran immer wieder aufregt. Sind es die langen Entscheidungswege, die Fehler Ihrer Kollegen, die eintönige Arbeit? Können Sie selbst diese Ereignisse beeinflussen? Oder kann dies jemand anderes, den Sie wiederum beeinflussen können?

Nachdem Sie Ihre Situation analysiert haben, müssen Sie sich entscheiden:

▶ Sie finden sich mit den Rahmenbedingungen ab, lassen sich dadurch jedoch nicht mehr so stressen.
▶ Sie tun aktiv etwas dafür, diese Situationen zu ändern.
▶ Sie entscheiden sich, die Situation zu ändern, indem Sie zum Beispiel selbst kündigen oder die Abteilung wechseln – mit allen Konsequenzen, die dazugehören.

Ewiges Lamentieren hilft weder Ihnen noch Ihrer Umwelt. Werden Sie aktiv oder arrangieren Sie sich, notfalls finden Sie sich damit ab!

Durchhaltevermögen und Ausdauer

Wer einen langen Atem hat, siegt – wer zu schnell resigniert, wird seine Ziele nicht erreichen können. Eine gewisse Beharrlichkeit, Optimismus und der Mut, auch bei Rückschlägen weiterzumachen, sind dafür Grundvoraussetzungen. Wer hingegen trotz offensichtlicher Aussichtslosigkeit zu lange an einer Sache festhält, blockiert sich auf seinem Lebensweg unnötig selber. Konzentrieren Sie sich auf die Dinge, die sich wirklich lohnen, für die Sie zu kämpfen bereit sind und die Sie tatsächlich auch ändern können.

Geduld

Der berechtigte Wunsch nach beruflicher Anerkennung verleitet oft dazu, sich nur auf Aufgaben einzulassen, die in relativ kurzer Zeit zu realisieren sind; dabei bleiben größere, längerfristig konzipierte Projekte unverwirklicht. Doch es sind primär die strategischen Dinge, die uns die größten Erfolgserlebnisse bereiten. Haben Sie Geduld mit sich und anderen. Versuchen Sie optimistisch zu bleiben und sich nicht von der Meinung anderer abhängig zu machen.

Die Fähigkeit, Impulse zu kontrollieren

Impulsive Reaktionen sind an sich nichts Ungewöhnliches und in einigen Situationen durchaus notwendig. Dennoch kann das sofortige Umsetzen von inneren Impulsen zu unüberlegtem Handeln führen und verhindern, dass eigentlich vorhandene Fähigkeiten umgesetzt werden können. Handeln Sie also wenn notwendig rasch, ansonsten aber eher aus Ihrer Erfahrung und nach einer Zeit des Abwägens heraus. So wirken Sie verträglicher und bleiben es auch im Konfliktfall.

Umgang mit Kritik

Durch wirtschaftliche Krisensituationen und Jobangst nehmen Konflikte im beruflichen Alltag zu. Auch unter Mitarbeitern herrschen oft Missgunst und Krieg. Mangelndes Selbstwertgefühl ist oft die Ursache für den Streit unter Kollegen. Viele fangen an, für jeden gemachten Fehler, mag er auch noch so klein sein, einen Schuldigen zu suchen. Doch insbesondere falsche Schuldzuweisungen können im Privat- wie im Berufsleben schwer wiegende negative Konsequenzen nach sich ziehen.

Selbstbewusste, gelassene Personen hingegen übernehmen die Verantwortung für gemachte Fehler, sie fordern keine Entschuldigungen und übertragen auch nicht ihre Schuld auf andere. Das Eingeständnis eines Irrtums lässt auf innere Größe schließen und bietet zudem die Chance, daraus zu lernen. Zeigen Sie Humor, lachen Sie auch mal über sich selbst.

Dazu gehört auch, zu sich selbst zu stehen und nicht jede Kritik persönlich zu nehmen. Auch wenn Ihre Vorschläge nicht umgesetzt, Ihre Ideen nicht angenommen oder Ihre Leistungen nicht gewürdigt werden: Nicht immer bedeutet fehlende Anerkennung Kritik an Ihrer Person, und nicht immer bedeutet Kritik eine Ablehnung Ihrer Person. Oft beeinflussen äußere Rahmenbedingungen die Entwicklungen; Entscheidungen werden häufig aus der Not heraus geboren. Wünsche und Erwartungen der Mitarbeiter bleiben oft (auch unbewusst) unberücksichtigt. Versuchen Sie immer, Wahrnehmung und Wirklichkeit in Einklang zu bringen!

Wenn sich allerdings ähnliche Kritikpunkte häufen, sollten Sie Feedback einfordern und über Lösungsvorschläge nachdenken.

Herr Kollar bewahrt Haltung

Ungeduldig wartet Herr Kollar auf die Rückmeldung von Frau Boohn. Sie wollte sich eigentlich schon vorgestern bei ihm melden. Ihn juckt es in den Fingern, sie anzurufen und erneut nachzufragen. Wann immer er an ihrem Büro vorbeigeht, sieht er jedoch eine geschlossene Tür. Hat sie Urlaub, ist sie krank oder zu einer Fortbildung? Viele Gedanken gehen ihm durch den Kopf.

Insgesamt wird er langsam unruhig. Er hatte den Eindruck, alles liefe bestens, und sah sich schon in dem neuen Job. Seine Bekannten hatte er bereits alle informiert, und seine Frau ist so euphorisch, dass sie sich schon gedanklich mit einer Stundenreduzierung in ihrem Job beschäftigt. Daran war er allerdings auch ursächlich beteiligt. Zu Hause hatte er mit seinen neuen, guten Kontakten angegeben und erzählt, was er alles könne und wie viele ihn jetzt um Rat fragten. Kein Wunder, dass sich seine Frau und selbst die Kinder Hoffnungen machen.

Stattdessen lassen seine Nachmittags-Verkaufserfolge auf sich war-
ten und auch im Rechnungswesen gibt es Probleme. Er hat irrtümlich
eine große Summe auf ein Konto einer Tochterfirma überwiesen.
Der Leiter des Rechnungswesens, Herr Antenbrink, musste deshalb
sogar zum Geschäftsführer. Als er Herrn Kollar nach dem Gespräch
anschrie, er solle sich besser informieren und konzentrieren, musste
dieser sich stark zusammenreißen, um nicht zurückzuschreien. An
dem Tag, an dem er diese Buchung durchgeführt hatte, war kein Kol-
lege mehr da und die Überweisung sollte umgehend rausgeschickt
werden, so die Anweisung. Also hatte Herr Kollar sich entschieden,
lieber die Frist einzuhalten und Skonto zu kassieren, als die Überwei-
sung noch einen Tag liegen zu lassen. Offensichtlich war das aber
keine gute Entscheidung gewesen.

Herr Antenbrink war leicht rot im Gesicht. Er wollte umgehend eine
Erklärung haben, wie so etwas passieren konnte. Herr Kollar atmete
tief durch und versuchte ruhig zu antworten. Er werde alle notwen-
digen Informationen zusammentragen und ihm dann morgen Nach-
mittag um zwei Uhr den Hergang präsentieren. Ob das o.k. sei und ob
er noch etwas anderes machen könne? Ob die Überweisung denn
jetzt richtig gebucht sei? Der Leiter Rechnungswesen grummelte ein
»Nein« und ein kurzes »bis morgen dann um zwei bei mir im Büro«.

Herr Kollar ist nach diesem Vorfall wie erstarrt. Zu gern würde er nach
Hause gehen und alles überdenken. Er versucht ruhig weiterzuarbei-
ten und den Tag irgendwie zu überstehen. Abends zu Hause erzählt er
den Vorfall seiner Frau, die ihn auch noch zusätzlich kritisiert. Er solle
sich wirklich mal auf das konzentrieren, was er gerade macht, und
sich nicht immer ablenken lassen oder seinen Tagträumen nach-
gehen. Schöne Unterstützung, denkt sich Herr Kollar.

Immer wieder kreisen im Halbschlaf seine Gedanken um die Angele-
genheit. Er findet keine Ruhe und steht mitten in der Nacht auf, um
alles noch einmal aufzuschreiben, inklusive dessen, was schlimmsten-
falls passieren könnte. Dann erst kann er halbwegs beruhigt wieder
ins Bett gehen und schläft auch gleich ein.

Nach einer kurzen Nacht sitzt Herr Kollar nun wieder am Schreibtisch. Es ist zehn vor zwei und er sieht sich noch einmal alle Informationen an. Er hatte einen Zahlendreher eingebaut; der Kollege, der die Buchung kontrollieren sollte, hat dies ebenfalls nicht gesehen. Ärgerlich, er wird zukünftig noch mehr darauf achten. Aber jetzt ist er ruhig und hat bereits einen Vorschlag im Kopf, wie man so etwas zukünftig vermeiden kann.

Das Gespräch mit Herrn Antenbrink verläuft ganz gut. Herr Kollar gibt unumwunden zu, dass es sein Fehler war. Er stellt eine Checkliste für jede Buchung vor, die er zusammen mit seinem Kollegen Herrn Müller entwickelt hat. Und er hat bereits mit dem Kollegen gesprochen, der den Zahlendreher übersehen hat. Dieser weiß nun, dass Herr Kollar noch relativ neu und unsicher ist, und wird daher besonders auf seine Überweisungen achten. Herr Antenbrink scheint beruhigt, vielleicht sogar ein bisschen zufrieden.

Frau Boohn hat sich jedoch immer noch nicht gemeldet, dabei sahen sie sich heute kurz in der Kantine. Er hatte ihr bereits eine kurze Mail geschrieben, nun mag er sich nicht noch einmal melden. Vielleicht hat sie von dem Vorfall im Rechnungswesen gehört und will ihn doch nicht mehr unterstützen?

Der Wechsel allein ist das Beständige.
Arthur Schopenhauer

9. Gebot: Zeigen Sie sich flexibel!

Weder mit dem Kopf durch die Wand noch wie ein Fähnchen im Wind, heißt die Devise im Arbeitsleben. Bewahren Sie sich ein gewisses Maß an Anpassungsfähigkeit, ohne Ihre Selbstbestimmung aufzugeben. Denken Sie an einen Baum, der sich im Sturm biegt und neigt und dank seiner festen Wurzeln doch zu seiner ursprünglichen Gestalt zurückkehrt. Oder an einen Grashalm, der niedergetreten wird und sich doch wieder aufrichten kann.

Übertragen auf Ihr Verhalten geht es um die überlebensnotwendige Fähigkeit, sich wechselnden Verhältnissen anpassen zu können – ohne sich dabei selbst zu verlieren. Im Umgang mit anderen bedeutet dies, kompromissbereit zu sein und trotzdem Rückgrat zu zeigen. Und wenn sie »Nein« sagen, tun Sie es so charmant wie irgend möglich. Vertreten Sie Ihren Standpunkt, ohne rechthaberisch oder verbissen zu wirken. Lernen Sie, sich fair zu streiten und sich zu behaupten. Damit haben Sie gute Voraussetzungen, Menschen für sich zu gewinnen, sie einzunehmen, sie von Ihrer Sache und Ihrem Standpunkt zu überzeugen, statt sie gegen sich aufzubringen, zu verletzen oder gar zu Feinden zu machen.

Stichworte: beweglich bleiben – sich biegen, aber nicht brechen lassen

Rüdiger Freund geht gerne in seine Firma. Er weiß, wie er seine Arbeit machen soll, kennt seine Kollegen. »Ich hab's eigentlich richtig gut und viel Glück gehabt«, denkt er. Rüdiger Freund ist seit vier Jahren bei einer Versicherung tätig. Im Innendienst, worüber er sehr froh ist. Er beneidet seine Kollegen im Außendienst nicht. Im Gegenteil: die nicht enden wollenden Gespräche mit Menschen, die eigentlich keine weitere Versicherung mehr brauchen – es war nie sein Ding, Leute von etwas überzeugen zu müssen, das letztlich doch mehr dem Unternehmen nutzt.

Jedoch so ganz friedlich, wie er es sich einredet, ist es in seinem Unternehmen nicht. In den vergangenen Monaten herrschte große Unruhe in seiner Firma. Sie wurde von einem größeren Konzern geschluckt, und einige Stühle wackeln jetzt. Vielleicht auch seiner. Das macht ihm schon etwas Sorgen.

Und wirklich: Eines Tages wird er zu seiner Chefin Annegret Milz gerufen. »Herr Freund, Sie wissen sicher längst, dass wir hier zusammenrücken müssen. Da ich Sie seit einiger Zeit schon als zuverlässigen Mitarbeiter kenne und schätze, möchte ich Sie natürlich nicht verlieren. Ich habe mich deshalb entschlossen, Sie ab sofort in den Außendienst zu versetzen.«

Rüdiger Freund wird es schwindelig. Außendienst! Das bedeutet für ihn Klinkenputzen und unangenehme Gespräche mit Menschen, die überfrachtet sind mit Versicherungen. Genau das, was er immer vermeiden wollte. »Kann ich ein bisschen Bedenkzeit haben?«, fragt er. Annegret Milz schaut ihn irritiert an. »Ich glaube kaum, dass Sie eine Wahl haben, ist Ihnen das klar?«

»Doch, doch, aber es kommt so plötzlich«, stammelt er.

»Also gut, in einer halben Stunde möchte ich Ihre Antwort haben.«

Niedergeschlagen geht er zurück in sein Büro. Da hatte er sich so schön eingerichtet in seinem Nine-to-five-Job. Hatte Vorgänge bearbeitet, Gutachten angefordert und ein recht sicheres Leben als Versicherungssachbearbeiter geführt. Er hatte gehofft, dass das ewig so weitergehen könne. Dass er in aller Ruhe sein 25-jähriges Dienst-

jubiläum hier feiern würde, sich vielleicht etwas früher berenten lassen könnte. Und jetzt ... Er will den Posten nicht verlassen und kann einfach nicht glauben, dass man ihn wirklich hinauswerfen wird, wenn er sich weigert.

Rüdiger Freund lässt es darauf ankommen, und als er seiner Chefin sagt, dass er lieber im Innendienst bleiben wolle, bemerkt sie nur trocken: »Sie enttäuschen mich sehr und ich bewerte Ihr Verhalten quasi als Arbeitsverweigerung. In Ihrem Vertrag steht ausdrücklich, dass Sie auch in anderen Bereichen eingesetzt werden können, wenn dies notwendig erscheint. Sie werden sehen, was Sie davon haben ...«

Wie schwer tun Sie sich mit Anpassung? Wie reagieren Sie, wenn unvorhergesehene Ereignisse Ihnen völlig andere Rahmen- und Arbeitsbedingungen aufgeben, ein ganz neues Verhalten erforderlich wird? Wie geschickt gehen Sie damit um?

Zur Zeit der Industrialisierung gab es in Deutschland wenig Raum für Flexibilität[44]. In den Fabriken konnte nur derjenige bestehen, der sich den strengen Regeln der Maschinen und der Vorgesetzten unterwarf. Im Zuge der sich rasant verändernden Wirtschafts- und Arbeitswelt wurde jedoch die Anpassungsfähigkeit an neue Rahmenbedingungen immer wichtiger. Zunehmend gehört nun auch Flexibilität zu den Schlüsselmerkmalen, sowohl für Arbeitgeber und Unternehmer als auch für Arbeitnehmer. Diese beiden klassischen Gruppen unterscheiden sich in den Herausforderungen an ihre Flexibilität vielleicht weniger, als man glaubt. Auch Unternehmen reagieren oft wenig anpassungsfähig und scheitern.

Niemand kann heute davon ausgehen, den einmal erlernten Beruf bis ans Lebensende auszuüben (für Unternehmen: was heute produziert und verkauft wird, kann morgen als

Ladenhüter im Regal verstauben); Arbeitsprozesse, Computerprogramme und Jobkonstellationen passen sich permanent den stetig wechselnden Rahmenbedingungen an.

Als Voraussetzung für eine schnelle Umstellung auf geänderte Anforderungen und Gegebenheiten gilt eine wenig festgefahrene Persönlichkeitsstruktur, die Neues als Chance begreift, nicht als Bedrohung. Je fester jemand geerdet ist, desto besser kann er sich auf Veränderungen einlassen, ohne dabei seine eigenen Ziele und Wünsche aus den Augen zu verlieren. Ob es nun um das lebenslange Lernen, die Anpassung an deutlich veränderte Arbeitszeiten oder sogar des Arbeits- beziehungsweise Wohnortes geht – immer wieder kommt es darauf an, sich selbst zu prüfen, inwieweit man sich den geänderten Bedingungen der Arbeitswelt anpassen will oder eben auch nicht.

Im Folgenden zeigen wir Ihnen, was es heißt, physisch wie psychisch (und kommunikativ) beweglich zu sein, um sich so an geänderte Bedingungen anpassen zu können. Ferner möchten wir Ihnen anschauliche Verhaltenstipps geben, damit Sie im Job umgänglich und zugleich konsequent wirken. Sie lernen, Ihren Standpunkt zu vertreten, ohne rechthaberisch oder verbissen zu wirken. So werden Sie als angenehmer, konstruktiver Mitarbeiter geschätzt. Das sichert Ihre Position!

Bleiben Sie offen für neue Möglichkeiten

Fähigkeiten und Kenntnisse

Die rasante technische Weiterentwicklung und permanente Marktveränderungen lassen gerade im Job ein Festhalten an alten Gewohnheiten kaum noch zu. Lebenslanges Lernen und ein Grundinteresse an seiner Umgebung sind Voraussetzungen für die notwendige geistige Beweglichkeit. Dahinter verbirgt sich nichts anderes als die Bereitschaft, ständig Neues kennen zu lernen und sich weiterzuentwickeln, egal ob es um andere Aufgabengebiete oder um das Begreifen neuer Computerprogramme geht. Vor diesem Hintergrund ist es wichtig, dass Sie

▶ die neuesten Entwicklungen in Ihrem Arbeitsbereich verfolgen,
▶ Ihre Branche genau kennen,
▶ über die Firmenpolitik halbwegs Bescheid wissen.

So können Sie rechtzeitig aktiv werden, sich zum Beispiel weiterbilden oder beruflich neu orientieren. Ob Sprachen oder Managementtechniken – den Möglichkeiten zur beruflichen Weiterbildung sind keine Grenzen gesetzt. Mit etwas Glück können Sie Ihre Fortbildung mit dem Betrieb abstimmen und bekommen vielleicht einen Teil der Kosten erstattet. Wenn Sie in einem sehr spezialisierten Arbeitsbereich tätig sind, sollten Sie sich immer wieder überlegen, über welche Fähigkeiten Sie zusätzlich verfügen und welche Arbeit Sie darüber hinaus interessieren könnte. Denn sehr spezielle Kenntnisse und Fähigkeiten können Sie in einem Betrieb sowohl unentbehrlich als – bei geänderten Prozessen – leider auch überflüssig machen. Abteilungsübergreifende Projekte oder Sonderaufgaben bieten sich daher an, um Ihren Horizont zu erweitern.

Sie wirken professionell flexibel, wenn Sie auf Änderungen nicht überschäumend emotional, sondern abwartend positiv reagieren. Steigern Sie sich nicht in etwas hinein. Oft wird die Situation nicht so schlimm wie vermutet; nach einer Nacht Schlaf können Sie den neuen Rahmenbedingungen vielleicht sogar etwas Positives abgewinnen. Bleiben Sie gelassen und beweisen Sie Geduld und das Quäntchen Flexibilität, das hilft, mit den Dingen besser klarzukommen.

Vertreten Sie Ihren Standpunkt ruhig, besonnen und flexibel

An jedem Arbeitsplatz kommt es zu Reibereien und Unstimmigkeiten. Das ist normal und gehört zum Berufsleben dazu. Für Sie ist es wichtig, sich in der Kommunikation »geschmeidig« zu zeigen, jedoch auch Ihren eigenen Standpunkt zu kennen und zu vertreten. Nur so erhalten Sie die Anerkennung und den Respekt, den Sie für ein positives Arbeitsleben benötigen. Nur wer sich ernst genommen und geachtet fühlt, kann optimale Leistungen bringen, erhält positive Rückmeldungen für sein Selbstbewusstsein und fühlt sich gut. Fangen Sie bei sich selbst an. Nehmen Sie sich ernst!

Flexibel zu sein in Ihrem Verhalten gegenüber anderen heißt auch zu wissen, wann es sich lohnt, Dinge klar zu vertreten, notfalls dafür zu kämpfen, und wann es sinnvoll ist, sich anzupassen, gegebenenfalls auch unterzuordnen. Sie entscheiden, ob Sie

► dem Vorgesetzten nicht widersprechen,
► keine starken Gefühle zeigen,
► immer freundlich und höflich sind, besonders zu Autoritätspersonen,

oder ob Sie sich über diese unausgesprochenen Jobregeln hinwegsetzen. Setzen Sie sich selbst nicht nur Ziele, sondern auch Grenzen – und bringen Sie Ihre Vorgesetzten und Kollegen dazu, diese zu respektieren.

Ihre »Grundrechte« im Berufsleben: Sie haben das Recht darauf,

- nicht ignoriert und von niemandem ausgenutzt zu werden,
- für das respektiert zu werden, was Sie sind und woran Sie glauben,
- auch mal Fehler zu machen,
- Wünsche zu äußern und eigene Entscheidungen zu treffen,
- gerecht beurteilt zu werden,
- zu entscheiden, ob Sie anderen helfen wollen,
- sich wohl zu fühlen.

Werden Sie sich der Möglichkeiten, aber auch der Grenzen bewusst

Wenn Sie möchten, dass andere Sie respektieren, dass Ihre Arbeit geschätzt und entsprechend gewürdigt wird, müssen Sie handeln und Konflikte aktiv angehen. Sie müssen zeigen, dass Sie sich selbst ernst nehmen, um dasselbe auch von anderen erwarten zu können.

Um zu entscheiden, ob Ihnen eine Klärung wichtig ist, sollten Sie sich selbst und Ihre Bedürfnisse gut kennen. Manchen Menschen fällt es schwerer als anderen, ihren eigenen Standpunkt zu vertreten. Das liegt nicht daran, dass sie keine Meinung haben, sondern oft an ihrem eher gering entwickelten Selbstvertrauen. Machen Sie sich deshalb klar, was Sie wert sind, was Sie können und wollen, damit Sie eine gesunde Selbsteinschätzung entwickeln.[45]

Überlegen Sie, bevor Sie in eine Auseinandersetzung gehen, was für Ihren Standpunkt spricht und was dagegen. Schreiben Sie zur Unterstützung Ihrer Argumentation Ihre Ge-

179

danken auf. Schließen Sie in Ihre Überlegungen auch »politische« Gründe ein: »Schadet es meiner beruflichen Stellung, wenn ich in diesem Fall auch auf mein Recht poche? Und ist die Sache den Aufwand überhaupt wert?«

Fassen Sie andere Meinungen nicht als persönliche Ablehnung auf!

Charmant »Nein« sagen[46]

Es gibt Situationen, in denen Sie »Nein« sagen müssen, damit Sie auch in Zukunft noch Selbstachtung haben und sich nach dem Biegen wieder aufrichten können, ähnlich wie der bereits beschriebene Grashalm. Den meisten von uns fällt es schwer, »Nein« zu sagen, für viele ist es fast so etwas wie ein Schimpfwort. Dennoch: Ein »Nein« zu etwas ist immer auch ein »Ja« zu etwas anderem. Wenn Sie etwas für jemand anderen nicht tun, dann sagen Sie vielleicht »Ja« zu sich selbst, zu Ihrer Wertewelt, zu Ihrer Freizeit, zu Ihrer Familie.

Grundsätzlich bestimmen Sie selbst, zu wem und in welchen Situationen Sie »Nein« sagen, da nur Sie sich selbst und die entsprechenden Rahmenbedingungen einschätzen können. Gründe für ein »Nein« können zum Beispiel sein, wenn eine Aufgabe an Sie herangetragen wird, die

▶ unwichtig ist und nicht zu Ihren Prioritäten gehört (es sei denn, sie kommt von Vorgesetzten),
▶ Zeit kostet, ohne dass Sie einen entsprechenden Gegenwert dafür erhalten,
▶ gegen Ihre Werte, Prinzipien oder Ihren Glauben verstößt,
▶ auch auf Nachfrage für Sie keinen Sinn ergibt,
▶ Ihre Kenntnisse und Fähigkeiten bei weitem übersteigt.

Mit einem »Nein« durchkreuzen Sie die Pläne Ihres Gegenübers. Darauf kann er verschieden reagieren: mit Wut, Enttäuschung, Trotz oder einem Überredungsversuch. Wenn Sie ein paar Regeln beachten, können Sie diese Reaktionen entschärfen.

Ihre Absage sollte immer

- ▶ freundlich
- ▶ klar
- ▶ überzeugend
- ▶ sachbezogen und
- ▶ so positiv wie möglich sein

Halten Sie dabei Blickkontakt, sprechen Sie deutlich, ohne die Stimme zu heben.

Je klarer Sie Ihre Absage begründen, umso besser weiß der andere, woran er mit Ihnen ist. Geben Sie eine kurze und nachvollziehbare Begründung für Ihr »Nein« ab. Wenn die Darlegung Ihrer Gründe zu lang und ausschweifend ist, wird sie schnell zur Rechtfertigung.

Verzichten Sie bei der Begründung Ihrer Absage auf »Killerphrasen« wie:

- ▶ »Das geht mich nichts an.«
- ▶ »So kann das niemals funktionieren.«
- ▶ »Das ist nicht meine Aufgabe.«
- ▶ »Ich habe keine Zeit.«
- ▶ »Das war schon immer so.«

Wenn Sie solche Standardbegründungen verwenden, vermitteln Sie Ihrem Gegenüber den Eindruck, dass Sie sich nicht für seine Anliegen interessieren und ihn nicht schätzen.

Strategien rund ums Neinsagen im Konfliktfall

Die Gegenfrage

Manchmal ist es nicht möglich, direkt »Nein« zu sagen. Probieren Sie es in diesen Fällen mit der Strategie der Gegenfrage. Beispiel: Ihr Chef tritt an Ihren ohnehin schon übervollen Schreibtisch und »bittet« Sie, einen ganz eiligen Kostenvoranschlag zu erledigen. In diesem Fall könnten Sie etwa so antworten: »Das kann ich gerne übernehmen. Allerdings sollte ich heute diese fünf Rechnungen fertig machen und die Personalplanung für die nächste Woche zusammenstellen. Alles kann ich heute nicht mehr schaffen – was soll ich Ihrer Meinung nach zurückstellen?«

Auf diese Weise delegieren Sie die Entscheidung an Ihren Chef zurück und zeigen, dass Sie Ihre Arbeit gut organisiert haben.

Die Sandwich-Methode

Wenn Sie es vermeiden können, stellen Sie Ihr »Nein« nicht an den Anfang Ihrer Antwort. Sagen Sie zunächst etwas Positives wie beispielsweise: »Es freut mich, dass Sie mit Ihrem Anliegen zu mir kommen. Aber leider habe ich heute Nachmittag einen Termin mit einem Kunden. Wenn es bis Ende der Woche Zeit hat, dann bin ich gerne dabei.«

Mit dieser Sandwich-Methode nehmen Sie Ihrem »Nein« die Schärfe. Gleichzeitig signalisieren Sie Interesse an Ihrem Gegenüber und seinem Anliegen.

Zeit gewinnen

Wenn Sie nicht sofort auf eine Bitte antworten, zeigen Sie Ihrem Gegenüber damit, dass Sie ernsthaft über seine Anfrage nachdenken, zum Beispiel mit einem: »Hmm, lassen Sie mich nachdenken, wie könnte ich das einbauen …«

Vielleicht reicht dieser Moment schon aus, damit Sie zu einer klaren Entscheidung kommen können. Wenn nicht, bitten Sie um Bedenkzeit und legen Sie einen Zeitpunkt fest, wann Sie Ihre Antwort geben. Halten Sie diesen Termin unbedingt ein!

Alternativen bieten

Wenn Sie Ihrem Gesprächspartner Alternativen zu seiner Bitte aufzeigen, verdeutlichen Sie, dass Sie sich für ihn und seine Situation interessieren, dass Sie ihn ernst nehmen. Schlagen Sie zum Beispiel einen anderen Termin vor oder bieten Sie ihm einen anderen kompetenten Ansprechpartner an.

Fair streiten

Jeder hat seine Sicht der Dinge, seine Interessen und seine Eigenarten. Gerade wenn Menschen jeden Tag unter stressigen Bedingungen zusammenarbeiten, birgt dies erheblichen Konfliktstoff. Differenzen müssen gelöst, Konflikte so schnell wie möglich angesprochen werden. Je länger eine belastende Situation ungeklärt schwelt, umso belastender wird sie für alle Beteiligten. Eine zunehmend emotional aufgeheizte Atmosphäre macht es immer schwieriger, die Probleme sachlich und ohne persönliche Angriffe zu klären.

In einem Streit haben beide Parteien unterschiedliche Meinungen und dabei meist sehr feste Überzeugungen. Beide denken, dass sie Recht haben und gewinnen müssen. Oft wird das Gegenüber mit Vorwürfen und Forderungen bombardiert, ganz nach dem Motto: Sie müssen, Sie hätten aber, Sie sind …

Statt unbedingt gewinnen zu wollen, ist es sinnvoller, sich nicht halsstarrig zu zeigen, sondern flexibel zu agieren und den Konflikt auf seinen sachlichen Kern zurückzuführen.

Jedem Konflikt liegt ein Problem zugrunde – und Probleme sind grundsätzlich lösbar. Damit können Sie auch den Konflikt beilegen.
Es ist jedoch nicht einfach, zu streiten und Konflikte zu lösen. Sie brauchen dafür Zeit, Mut – und eine gute Vorbereitung.

Die Vorbereitung

► Warten Sie, bis sich Ihre Emotionen beruhigt haben. Erst mit einem kühlen Kopf haben Sie die Chance, bei Ihrem Gegenüber auf offene Ohren zu stoßen.

► Bevor Sie den Konflikt ansprechen, denken Sie darüber nach, wie Sie die Situation empfinden. Grenzen Sie sich Ihrem Gegenspieler gegenüber ab, indem Sie sich über den eigenen Standpunkt klar werden, über Ihre Rolle, Ihre Gefühle und Ihre Ziele.

► Nehmen Sie Ihre gefühlsmäßige Wahrnehmung ernst, und fragen Sie sich: Was läuft bei mir innerlich ab? Was kenne ich schon aus anderen Zusammenhängen? Welches sind meine eigenen Anteile an dem Konflikt?

► Notieren Sie Ihre Bedürfnisse, Wünsche und Sorgen.

► Vermeiden Sie es, sich in der Öffentlichkeit zu streiten, zum Beispiel vor Kollegen. Bitten Sie um eine vertrauliche Unterredung.

► Legen Sie Ort und Zeitpunkt fest, so dass Sie Ihren Standpunkt ruhig und sachlich vortragen können.

Bei sehr verhärteten Fronten zwischen den Streitenden kann es von Vorteil sein, wenn eine dritte, neutrale Partei beim Gespräch anwesend ist. Dieser Mediator kann klären und beschwichtigen, bevor die Wellen zu hoch schlagen.

Das klärende Gespräch
Auch bei der Durchführung können Sie einiges für das Gelingen tun:

▶ Eine positive Grundhaltung (»Ich bin o.k. – du bist o.k.«) prägt eine lösungsorientierte, entspannte Stimmung.

▶ Signalisieren Sie mit Ihrer Körpersprache Entgegenkommen und Offenheit; dies hat einen zusätzlichen positiven Effekt auf Ihren Gesprächspartner.

▶ Halten Sie Blickkontakt und beobachten Sie die Reaktion Ihres Gegenübers.

▶ Machen Sie sich klar: Es geht nicht darum, jemanden zu besiegen, sondern jemanden für sich zu gewinnen.

▶ Hören Sie genau zu, was Ihr Gegenüber sagt; lassen Sie ihn ausreden.

▶ Fassen Sie den konträren Standpunkt zusammen – so fühlt sich Ihr Gegenüber besser verstanden. Anschließend legen Sie Ihren eigenen Standpunkt dar und unterstützen ihn durch Ihre Argumente.

▶ Sprechen Sie klar und deutlich über Ihre eigenen Wünsche und Anliegen. Formulieren Sie diese freundlich und höflich, aber auch deutlich und unmissverständlich.

▶ Fragen Sie häufiger nach, ob Sie richtig verstanden haben und von Ihrem Gegenüber richtig verstanden worden sind. So können Sie erreichen, dass er noch einmal seinen Standpunkt erklärt. Dadurch wird der Verhandlungsgegenstand präziser benannt.

▶ Konzentrieren Sie sich auf die sachlichen Interessen (nicht auf Meinungen oder Positionen); betonen Sie die Gemeinsamkeiten und stellen Sie sie in den Vordergrund.

▶ Machen Sie Ihre persönlichen Motive und Ziele deutlich. Ihr Gegenüber kann sich darauf beziehen und ihnen seine eigene Auffassung gegenüberstellen. So kann ein wechselseitiges besseres Verständnis für ein bestimmtes Verhalten, für Vorschläge oder Forderungen erreicht werden.

Bei einem Lösungsvorschlag ist wichtig, dass beide Konfliktparteien von der Lösung profitieren! Eine echte Win-Win-Situation ist immer die beste Lösung.

Tipp: Stellen Sie Ihren Standpunkt möglichst nicht als Erster ausführlich dar. Reagieren Sie mit Gelassenheit auf eventuelle Angriffe der Gegenseite. Vermeiden Sie spontane Angriffs- oder Verteidigungsreden.

Das sollten Sie in einem Konfliktgespräch unbedingt vermeiden:

▶ die Frage klären wollen, wer angefangen hat/wer Schuld hat,
▶ sich auf eine Entschuldigung Ihres Gegenübers versteifen,
▶ sich auf die (unterschiedlichen) Meinungen konzentrieren,
▶ auf Ihrer Meinung bestehen,
▶ den anderen bedrohen, demütigen, einschüchtern,
▶ ironische Bemerkungen machen und unangebrachte Fragen stellen,
▶ der Gewinner sein wollen.

Wie Herr Kollar flexibel reagiert und trotzdem Rückgrat bewahrt

Herr Kollar wird langsam unruhig. Frau Boohn war doch immer so nett zu ihm und nun meldet sie sich noch nicht einmal. Er zerbricht sich den Kopf, ob er etwas falsch gemacht hat. Vielleicht war es ein Fehler, ihr von seinem Wechselwunsch zu erzählen? Seine Frau hat schon angemerkt, er solle nicht immer so vertrauensselig sein. Wer weiß, was Frau Boohn mit dieser Information macht.

Sein Telefon klingelt, Frau Boohn ist am Apparat. Sie entschuldigt sich, sie war in so vielen Meetings und hatte zusätzlich privaten Stress, dass sie sich noch nicht bei ihm melden konnte. Es sei einfach so viel über sie hereingebrochen, zu viel zusammengekommen. Das Essen mit dem Marketingleiter sei ebenfalls ausgefallen, da dieser krank war. Herr Kollar gibt offen zu, dass er sich bereits Gedanken gemacht hat, weil sie sich nicht gemeldet hat. Sie verspricht ihm, sich mit dem Stellvertreter des Marketings zu unterhalten und ihm umgehend eine Rückmeldung zu diesem Gespräch zu geben, wenn sie etwas hört. Ob er vielleicht auch noch an anderen Positionen interessiert sei? Herr Kollar antwortet, dass er sich so manches vorstellen könnte, am schönsten wäre jedoch die Kombination aus administrativen Tätigkeiten und Kundenkontakt.

Na endlich! Herr Kollar ist erleichtert. Wenigstens eine positive Neuigkeit. Dann kann er sich beruhigt auf den Weg zum Vertrieb machen. Dort angekommen, wird er gleich zu Herrn Ehlers gerufen. Herr Kollar solle unbedingt noch bis Ende der Woche die Gesamtstatistik für den Vertrieb erstellen. Herr Kollar schluckt. Das bedeutet, er kann in diesen Tagen gar keine Kundentermine annehmen. Er sagt Herrn Ehlers, er könne dies gern tun, würde so jedoch komplett aus dem Verkauf fallen. Die Zielzahlen müssten dann für diese Woche reduziert werden. Ob das so in Ordnung für ihn wäre?

Herr Ehlers schaut ihn etwas verächtlich an. »So viel Zeit nimmt die Statistikerstellung doch nun wirklich nicht in Anspruch«, sagt er. Herr Kollar richtet sich auf und blickt ihm in die Augen. Er würde ja wirk-

lich gerne helfe, aber er ist nur noch 16 Stunden wöchentlich im Vertrieb eingeplant. Die administrative Arbeit dauert jedoch mindestens zehn Stunden und heute sei schon Dienstag. Er möchte gern die Verkaufszahlen erfüllen, aber unter diesen Bedingungen sei es eben schwierig bis unmöglich. Anbieten könne er jedoch, mit dem Leiter des Rechnungswesens zu sprechen, ob er auch in seiner Arbeitszeit in der Buchhaltung an der Statistik arbeiten dürfe. Wenn dieser jedoch verneint, müsse Herr Ehlers entscheiden, wo seine Prioritäten liegen sollen – im Verkauf oder in der Statistikerstellung.

Sein Vorgesetzter schaut immer noch leicht genervt, findet den Vorschlag mit der Statistikerstellung in seiner Buchhaltungszeit aber prinzipiell gut. Ja, das solle er mal probieren. Herr Kollar ruft direkt bei Herrn Antenbrink an und legt die Situation dar. Dieser würde sich gern flexibel zeigen und den Vertrieb in den schwierigen Zeiten unterstützen. Herr Kollar bietet an, morgens immer eine halbe Stunde eher zu kommen, so würde er wahrscheinlich auch die Buchhaltungsarbeiten schaffen. Herr Antenbrink erklärt sich einverstanden; Herr Ehlers zeigt sich über die Lösung erfreut und entschuldigt sich sogar bei ihm. Er sei in letzter Zeit immer so unter Stress, da falle es ihm manchmal schwer, gerecht zu bleiben.

Herr Kollar nickt beruhigend, legt ihm jedoch auch kurz dar, wie er sich fühlt. Auch sein Druck sei stark, im Moment tanze er auf zwei Hochzeiten. Er versuche es sowohl im Vertrieb als auch in der Buchhaltung optimal zu machen, aber alles auf die Reihe zu bringen sei nun wirklich nicht einfach. Falls Herr Ehlers bei ihm Verbesserungspotenzial sehe, wäre er dankbar über ein konstruktives Feedback. Allerdings würde er sich auch freuen, wenn er ihn unterstütze und sich auch ab und an in seine Lage versetze. Herr Ehlers lächelt schwach.

Sie machen einen Termin für nächste Woche aus. Dann wollen sie über die Vertriebsstatistik sprechen und auch darüber, wie es mit Herrn Kollar weitergehen soll.

Ein Flugzeug zu erfinden ist nichts.
Es zu bauen ein Anfang. Fliegen, das ist alles!
Otto Lilienthal

10. GEBOT: DENKEN UND HANDELN SIE WIE EIN UNTERNEHMER!

Auf dem heutigen Arbeitsmarkt sind Sie nicht mehr klassischer Arbeitnehmer, der für einen Arbeitgeber tätig ist, sondern Sie sind selbst ein Unternehmer, eine Unternehmerin – ein modernes Ein-Mann-/Eine-Frau-Dienstleistungsunternehmen. Ihr berufliches Know-how ist Ihr (Verkaufs-)Angebot, Ihr Vertriebsgegenstand. Umso wichtiger für Sie, unternehmerisch zu denken und zu handeln. Hierzu zählen auch alle bereits beschriebenen Fähigkeiten, die Sie mit entsprechendem Selbstvertrauen entwickeln und anbieten können.

Stichworte: selbstständig – eigenverantwortlich – unternehmerisch denken

»Nein, das tut mir Leid, ich kann Ihren Auftrag nicht annehmen. Ich bedaure, für diesen Preis kann unsere Firma leider nicht liefern.« Andreas Jessen beendet ein Telefongespräch, das ihm wahrlich nicht leicht fiel. Er ist in einem mittelständischen Textilunternehmen für den Vertrieb zuständig. In seiner Verantwortung liegt auch die Preis- und Angebotskalkulation, die seine Abnehmerfirmen für Textilien bezahlen müssen.

Nun hat er die Nachfrage einer Firma über 50.000 T-Shirts abgelehnt. Sie war nicht bereit, den Preis zu bezahlen, der bei dieser Qualitätsware günstig, aber auch marktüblich und angemessen gewesen wäre. Auch wenn heute die Konkurrenz aus China den Markt mit ihren Billigprodukten überschwemmt, so weit konnte er nicht mit den Preisen runtergehen. Schließlich hat das Unternehmen Fixkosten, die sich nicht weiter senken lassen, und dann noch die entsprechenden Risiken. Und selbst wenn er den Auftrag angenommen hätte, nach dem Motto: »Ich bin hier ja fest angestellt, was die Firma verdient oder nicht verdient, kann mir doch egal sein, Hauptsache, ich mache den Umsatz«, hätte er sich nicht gut dabei gefühlt. Zu viele Mitbewerber hat er in den letzten Jahren zugrunde gehen sehen, gerade weil sich deren Mitarbeiter nicht zuständig, nicht verantwortlich fühlten, nicht mitgedacht haben, sich nach längerer Firmenzugehörigkeit allzu sicher auf ihrem Posten wähnten.

Schon früh hat Andreas Jessen sich angewöhnt, eigenverantwortlich und unternehmerisch zu denken – nicht wie ein einfacher Angestellter, der keine Verantwortung spürt, sondern eher wie ein Chef. Identifiziert, engagiert, echt unternehmerisch eben, nicht nur mit-, sondern sogar vorausdenkend, besser zwei statt nur einen Schritt weiter. Lohnt es sich, eine Entscheidung so oder besser doch anders zu treffen? Wie verhalten sich Kosten zu Nutzen, in welchem Verhältnis steht der Einsatz zu Risiko und Gewinn? Ist es empfehlenswert, dieser Firma eine Zusammenarbeit anzubieten? Wie lange warte ich auf eine Entscheidung und später auf die Bezahlung meiner Rechnung? Wie oft versuche ich, Kontakt zu bekommen, und wann gebe ich es auf? Andreas Jessen versucht, sinnlosen Aktionismus zu vermeiden, wie beispielsweise das Schreiben neuer Angebote für Firmen, mit denen er ohnehin keine wirklich guten Erfahrungen gemacht hat.

Und dieses verantwortungsbewusste Mit- und Vorausdenken, dieses etwas weiter gehende Engagement sichert ihm heute seinen Arbeitsplatz – in einer Phase seiner Firma, wo es um die Entlassung mehrerer Kollegen geht. Viele davon warenmit den Ressourcen ihres Unternehmens allzu sorglos umgegangen und hatten nur ihren kleinen, begrenzten Arbeitsplatz im Blick, nie die größeren Zusammenhänge. Das könnte ihnen nun zum Verhängnis werden.

Andreas Jessen hat mit Entsetzen gesehen, wie einigen seiner Kollegen gekündigt wurde. Selbst seine direkte Bürokollegin musste im Zuge einer notwendig gewordenen Verkleinerung des Unternehmens ihren Schreibtisch räumen. Er sah, wie sie sich auflehnte, voller Angst vor der Arbeitslosigkeit. Umso mehr fühlte er sich bestätigt, dass es sich lohnt, in der Firma unternehmerisch zu denken und stets danach zu handeln, auch für sich persönlich.

Unternehmerisch denken

Heute ist jeder, der sich auf dem Arbeitsmarkt bewegt, Unternehmer und muss, wenn er erfolgreich sein will, unternehmerisch denken und handeln. Auch wenn Sie sich weisungsgebunden und (lohn-)abhängig fühlen und sich als alles andere, nur nicht als Selbstständiger und freier Unternehmer verstehen, müssen Sie genau dies begreifen: Auch Sie sind Unternehmerin/Unternehmer. Und je erfolgreicher Sie sich in dieser Rolle bewegen, mit dieser Rolle zurechtkommen, desto sicherer sind Ihnen Ihre Kunden, desto geringer die Gefahr, dass sich ein wichtiger Kunde von Ihnen abwendet (Reklamation = Auflösung der Geschäftsbeziehung = Kündigung!).

Ganz unabhängig davon, ob Ihr Produkt (Verkaufsgegenstand) nun eine greifbare Ware ist oder ob es sich um Ihr handwerkliches Können, Ihr besonderes Know-how, Ihre Erfahrung, Ihre guten Ideen handelt: Sie haben sich am Arbeitsmarkt unternehmerisch zu behaupten. Es ist völlig egal, in was für einem konkreten Arbeitsverhältnis Sie stehen, stets müssen Sie beachten, dass Ihre Kunden (an erster Stelle Ihr Hauptkunde, nämlich Ihr Vorgesetzter) zufrieden mit Ihnen und Ihren Leistungen ist. Den Nutzen, den Sie durch Ihre Arbeit erwirtschaften, sollten Sie möglichst jederzeit klar herausstellen.

Auch wenn es keine letztgültige Definition für unternehmerisches Handeln gibt, könnte man versuchen, es so zu erklären: Es geht darum, dass Sie Ihre Tätigkeit so effektiv und verantwortungsbewusst wie möglich organisieren und sie nach den Interessen des Unternehmens optimal auszurichten versuchen. Das bedeutet für Sie zum einen, die richtigen Prioritäten zu setzen, zum anderen im Team Aufgaben verantwortlich zu übernehmen wie auch zu delegieren. Gemeinsam mit Vorgesetzten und Kollegen zielorientiert etwas Besonderes zu schaffen, ist Ihr Ziel. Ihre Hauptweichensteller dabei sind Ihre Kompetenz, Ihre Leistungsbereitschaft und Ihre persönliche Wesensart, das heißt, wie Sie auf andere wirken, wie Sie mit anderen umgehen.

Unternehmerisches Denken und Handeln setzt allgemein eine deutliche emotionale Bindung an die Firma, an die Position und den Aufgabenbereich voraus. Denn nur wer sich in hohem Maße damit identifiziert, hat auch Interesse am Unternehmenserfolg (Kundenzufriedenheit/Vorgesetzter) und wird diese Art unternehmerischen Verhaltens längerfristig auch verinnerlichen.

Sie sind eine Art Subunternehmer. Ihre Identifikationsmöglichkeiten existieren nicht nur im Hinblick auf Ihren »Kunden«, den Arbeitsplatzanbieter, und die von diesem auf Sie übertragenen Arbeitsaufgaben, sondern sollten sich auch auf das beziehen, was Sie persönlich am Markt in Form Ihres Know-hows anzubieten haben.

In diesem Kapitel möchten wir Ihnen noch etwas konkreter vorstellen, was es bedeutet, unternehmerisch zu denken. Da es sich um eine sehr umfassende Materie handelt, werden wir die wesentlichen Aspekte der vorhergehenden Kapitel wiederholen. Sie erhalten also auch eine Art Checkliste: Haben Sie die Kernaussagen dieses Buches bereits verinnerlicht? Denn die Intention aller Kapitel gemeinsam ist vor allem eine Verbesserung Ihrer unternehmerischen Fähigkeiten.

Immer wieder: sich seiner selbst bewusst werden!

Nennen Sie es Selbstbewusstsein, Selbstwertgefühl, Selbstvertrauen oder, sehr neu: Selbstwirksamkeit – es ist jedenfalls die entscheidende Grundlage für Erfolg, egal was Sie tun. Wer selbstbewusst ist, strahlt dies auch nach außen aus. Und das wiederum ist hilfreich für Ihre Sympathiegewinnung und überhaupt für jede Art von Kontakt und Kommunikation.

Lernen Sie, sich selbst und andere zu motivieren

Warum arbeiten Sie? Klar, um Geld zu verdienen und zu (über-)leben. Ist das wirklich der einzige Grund? Für die meisten von uns, ganz egal in welcher Position sie arbeiten und wie viel Geld sie verdienen, ist der Verdienst bei weitem nicht das einzige Motiv. Manchem macht die Arbeit an sich Spaß, für den anderen ist es das Gefühl, gebraucht zu werden, der Dritte liebt es, Dinge zu beeinflussen, Macht auszuüben. Ein anderer kombiniert all diese Motive.

Was treibt Sie an, was sind Ihre Motive, die Sie außer dem Geldverdienen mit Ihrer Arbeit verbinden? Erstreben Sie

Anerkennung, Bewunderung, Respekt, Ruhm und Ehre, materielle Sicherheit oder Unabhängigkeit? Geht es Ihnen um Macht und Einfluss, wollen Sie vor allem viele Kontakte zu anderen Menschen, anderen helfen können, geistige Anregungen, den kreativen Kick, die Befriedigung von Abenteuerlust und Nervenkitzel?[47]

Ganz egal, welche Gründe Sie haben, Ihren Beruf auszuüben: Wenn es Ihnen gelingt, sich selber besser zu motivieren, wird das Auswirkungen haben auf Ihre berufliche Zukunft. Wer motiviert arbeitet, fühlt sich wohler, hat eine positivere Ausstrahlung, wirkt flexibler und offener für Neues. Er entwickelt häufiger eigene Ideen und denkt weiter als bis zu seinem Feierabend. Und das werden Ihre Kunden, pardon, Vorgesetzten schätzen!

Gewinnen Sie Sympathien und lernen Sie zu überzeugen

Erfolg und Zukunftssicherung hat nicht nur mit den eigenen fachlichen Qualifikationen zu tun. Die besten fachlichen und sachlichen Voraussetzungen werden Ihnen nicht zum dauerhaften Erfolg verhelfen, wenn Sie die zwischenmenschlichen Faktoren außer Acht lassen. Arbeiten Sie daran, in der Kommunikation mit anderen einen angenehmen, Vertrauen erweckenden Eindruck zu machen. Ihre Körperhaltung, Gestik, Mimik und Sprache sollten optimistisch-positiv wirken. Üben Sie sich im Smalltalk, entwickeln Sie Ihre kommunikativen Fähigkeiten. In Ihrer Arbeitswelt sind Sie umgeben von Personen, die über Ihre berufliche Laufbahn entscheiden – und diese gilt es für sich einzunehmen und für Ihre Vorhaben zu gewinnen.

Arbeiten Sie kundenorientiert

Jeder, der Ihre Fähigkeiten, Ihre Qualifikationen und Ihre Zeit gegen Geld in Anspruch nimmt, ist Ihr Kunde, auch wenn Sie als Angestellter monatlich Ihr Gehalt überwiesen bekommen. Sie wissen: Kunden können anspruchsvoll und launisch, manchmal sogar unberechenbar in ihren Wünschen und Vorstellungen sein. Jeder Unternehmer ist damit vertraut, auf Kundenwünsche zu reagieren, ja sie möglichst vorauszuahnen. Er plant in die Zukunft – und variiert sein Angebot entsprechend der zu erwartenden Nachfrage.

Behandeln Sie Ihren Chef so, wie Sie selbst als Kunde gerne behandelt werden möchten – gehen Sie angemessen auf seine Wünsche ein. Denken Sie mit, machen Sie Verbesserungsvorschläge, erhöhen Sie den Nutzwert Ihrer Leistungen. Kurz: Bringen Sie Ihre speziellen Fähigkeiten ein und stellen Sie diese, ebenso wie sich selbst, im besten Licht dar. Sorgen Sie dafür, dass Ihre Vorgesetzten Ihre Arbeit brauchen und wertschätzen – ein Lernprozess für beide Seiten!

Überlegen Sie sich stets, wie sich die Aufgaben, die Sie derzeit für Ihren »Kunden« erledigen, durch einen zusätzlichen Mehrwert anreichern lassen:

- ▶ Wie erreichen Sie noch mehr Kundennähe?
- ▶ Wie sorgen Sie für ein noch besseres Verhältnis zu den wichtigsten »Mitspielern«, zu Lieferanten und Händlern?
- ▶ Wie lässt sich die Zusammenarbeit zwischen einzelnen Personen, Abteilungen etc. noch effizienter gestalten?
- ▶ Was müssen Sie an Ihrer persönlichen Einstellung und fachspezifischen Kompetenz ändern, um über die Grenzen Ihres bisherigen Jobs hinauszuwachsen?

Wenn Sie auf diese Fragen Lösungen finden, werden Sie mehr Verantwortung übertragen bekommen und auch selbst übernehmen wollen. Das zahlt sich aus.

Betreiben Sie aktiv Marketing in eigener Sache
Sie verkaufen Ihr Können, Ihre Fähigkeiten, Ihre Erfahrungen, Ihre Ideen und Ihr Engagement. Je besser Sie das alles präsentieren, umso angesehener werden Sie in dem Unternehmen und in dem Bereich sein, wo Sie arbeiten. Und umso mehr Erfolg werden Sie haben.
Dafür lohnt sich ein Werbefeldzug in eigener Sache. Voraussetzung: Sie wissen, wofür und mit was Sie werben wollen. Werden Sie sich also zunächst darüber klar, was Sie können, wo Sie augenblicklich stehen und wohin Sie wollen.

▶ Präzisieren Sie Ihre beruflichen Stärken.
▶ Definieren Sie ein Erfolg versprechendes Betätigungsfeld dafür.
▶ Analysieren Sie die wichtigsten Probleme der speziellen Zielgruppe dieses Betätigungsfeldes.
▶ Bieten Sie Neuerungen oder Verbesserungen an.
▶ Suchen Sie nach potenten Unterstützern.
▶ Spezialisieren Sie sich auf elementare Problemlösungen.

Um sich selbst und Ihr Produkt (sprich: Ihre Dienstleistung) durchzusetzen, was bedeutet, sich und Ihre Leistungen ins rechte Licht zu rücken, brauchen Sie auch entsprechende persönliche Fertigkeiten: zum Beispiel gutes Benehmen, überzeugendes Auftreten, exzellente Rhetorik und angemessen unterstützende Körpersprache. Dazu gehört in jedem Fall ein gutes Maß an Selbsterkenntnis. Die wichtigsten Fragen sind:

▶ Wie können Sie Ihre eigenen Stärken und Schwächen erkennen und richtig nutzen?
▶ Wie müssen Sie sich verhalten, um von anderen akzeptiert und respektiert zu werden?

► Wie erreichen Sie, dass andere das tun, was Sie von ihnen wollen?

Handeln Sie ziel- und erfolgsorientiert und setzen Sie die richtigen Prioritäten

Gäbe es so etwas wie eine einfache Zauberformel für Erfolg in der Arbeitswelt, dann würde diese lauten: Prioritäten setzen. Die einzige verlässliche Konstante in der (Arbeits-) Welt ist die Veränderung. Umso mehr kommt es darauf an, sich den Herausforderungen mit der richtigen Strategie zu stellen und sich auf wenige Ziele zu konzentrieren.

Sie können noch so gut planen, organisieren, bearbeiten – wenn Sie es nicht schaffen, mit Ihrem Projekt in der vorgegebenen Zeit fertig zu werden, Ihre Ergebnisse mit einem sinnvollen Maß an Einsatz zu erledigen, dann ist Ihr ganzes Engagement wenig wert. Jeder Unternehmer muss so kalkulieren, dass er sein Produkt billiger einkauft, als er es verkauft. Und auch Sie sollten so arbeiten, dass es sich für Sie, aber auch für Ihren Auftraggeber, Ihren Kunden lohnt.

> Denken, planen und handeln Sie nach dem Motto: »Wichtig ist, was am Ende herauskommt.«

Wie bei jedem Unternehmer muss auch bei Ihnen die Kosten-Nutzen-Relation stimmen. Das heißt: Setzen Sie Ihre Ressourcen und Ihre Energie so effektiv und nutzbringend wie möglich ein. Diese Fähigkeit, ein optimales Ergebnis durch einen klugen und Kräfte sparenden Einsatz zu erreichen, nennt man auch erfolgsintelligentes Handeln, was sehr viel Parallelen mit unternehmerischem Denken und Handeln hat.

Erfolgsintelligenz

Erfolgsintelligenz hat wenig mit objektiv abfragbarem Wissen zu tun – sie setzt sich vielmehr aus menschlichen Fähigkeiten (Soft Skills) zusammen, die Sie ausbauen und üben können. Der Einsatz dieser Qualitäten wird Sie im Arbeitsleben sicherer und unangreifbarer machen und trägt unmittelbar zu Ihrer Jobsicherheit bei.

Der amerikanische Psychologe Robert J. Sternberg zeigt in seinem Buch *Erfolgsintelligenz*, wie Erfolg erarbeitet werden kann. Sternberg unterscheidet zwischen analytischer, kreativer und praktischer Intelligenz. Mit analytischer Intelligenz werden Probleme gelöst; kreative Intelligenz lässt gute Ideen entstehen, die sich jedoch ohne praktische Intelligenz gar nicht verwirklichen ließen. Niemand erreicht in allen drei Intelligenzformen Höchstwerte. Die Kunst liegt darin, Stärken zu betonen und damit Schwächen zu kompensieren.

Emotionale, soziale und logisch-analytische Intelligenz, gepaart mit Bildung, bieten zusammen noch keine Garantie dafür, dass die gesteckten Ziele im Leben auch wirklich erreicht werden können. Zur Umsetzung dieser Fähigkeiten bedarf es einer weiteren wichtigen Komponente: eben der Erfolgsintelligenz. Hierzu ein etwas überzeichnetes, aber sehr anschauliches Beispiel:

Zwei Touristen befinden sich auf einer Fotosafari im Süden Afrikas. Obwohl sie zusammen reisen, sind sie doch sehr unterschiedlich: Der eine, nennen wir ihn Sebastian Schmidt, ist angehender Jurastudent, hatte sehr gute Abiturnoten und besitzt ein gesundes Selbstbewusstsein. Marcus Müller, der andere, wurde wegen schlechter Schulnoten vom Gymnasium verwiesen und hält sich zurzeit mit Gelegenheitsjobs einigermaßen über Wasser.

Auf der Suche nach einem ansprechenden Fotomotiv haben sich die

beiden weit von ihrem Jeep entfernt, als sie unverhofft einem aus-
gehungerten Löwen gegenüberstehen, der ihnen augenblicklich sig-
nalisiert, dass er sich diese Beute nicht entgehen lassen wird. Schmidt
erkennt sofort, dass der Löwe die Distanz zu ihnen in deutlich weni-
ger als 30 Sekunden zurückgelegt haben wird und es bis zum Fahr-
zeug mehr als zwei Minuten wären. Er bleibt wie gelähmt stehen,
während Müller seine Trekkingschuhe auszieht und in seine mit-
gebrachten Sportschuhe schlüpft. Panisch herrscht Schmidt ihn an:
»Was soll der Quatsch? Wir können doch nicht schneller rennen als
ein Löwe!« Müller jedoch entgegnet ihm: »Schneller als ein Löwe?
Nein, aber ich muss ja nur schneller rennen als du.«

Sicher: In etwas zynischer Weise wird hier verdeutlicht,
welcher Art erfolgreich Prioritäten setzendes Handeln sein
muss. Während Schmidt die Situation zwar richtig analysiert,
aber kraft seines Wissens eine Ausweglosigkeit diagnostiziert
hat, findet Müller einen praktikablen und ideenreichen Weg
zur Lösung seines Problems. Er beweist damit so etwas wie
Erfolgsintelligenz, wenn auch darwinistisch-rüde.
Im Folgenden möchten wir Ihnen die wichtigsten Aspekte
von erfolgsintelligentem Handeln an Ihrem Arbeitsplatz
vorstellen. Vieles davon haben Sie bereits in den vorhergehenden Kapiteln kennen gelernt.[48]

1. Unterscheiden Sie zwischen wichtigen und unwichtigen Dingen

Es gibt Situationen, in denen winzige Details immens bedeutsam sein können, zum Beispiel beim Bergsteigen, wo
die kleinste Unaufmerksamkeit fatale Folgen haben kann.
Meist jedoch ist es im Leben wichtiger, die Konzentration
auf die Gesamtheit einer Sache zu lenken. Üben Sie, zwischen den wichtigen und unwichtigen Dingen im Leben zu
differenzieren. Konzentrieren Sie sich auf das, was Sie tat-

sächlich Ihren Zielen näher bringt, verzetteln Sie sich nicht, sondern handeln Sie ergebnisorientiert.

2. Ergreifen Sie die Initiative und setzen Sie Ihre Ideen in Taten um

Jede Initiative bedeutet eine Bindung an eine Situation und bedingt Risiken und Konsequenzen. Die Hemmung, sich auf etwas einlassen zu können, ist einer der Hauptgründe, warum Menschen eine Scheu davor haben, Initiative zu ergreifen. Versuchen Sie, sich verantwortungsbewusst auf etwas einzulassen, und scheuen Sie nicht die Konsequenzen. Die besten Ideen führen zu nichts, wenn man sie nicht wenigstens versucht umzusetzen. Interessanterweise ist diese wichtige Fähigkeit weniger abhängig von einem hohen IQ, als die meisten glauben. Während Menschen mit einem höheren IQ in entspannten Situationen bessere Führungsstärken zeigen als Personen mit einem eher niedrigen IQ, ist dies bei Stress sehr häufig umgekehrt.

3. Schieben Sie Dinge nicht auf die lange Bank und erledigen Sie angefangene Arbeiten

Viele Menschen behaupten, sie könnten unter Zeitdruck besser arbeiten. Diese Bewältigungsstrategie ist meist problematisch; erwiesenermaßen würden viele Aufgaben qualitativ besser ausfallen, wenn die entsprechende Zeit dafür verwendet wird. Sie sollten daher Ihre Zeit so einteilen, dass Sie Ihre Aufgaben gut erledigen können.

Andererseits: Vermeiden Sie Abbrüche und führen Sie Dinge, die Sie begonnen haben, auch einem Ende zu. Manche Menschen spüren eine Furcht vor dem »Danach«, die sie zaudern lässt, Angefangenes erfolgreich zu beenden. Manchmal reicht auch die Angst, etwas aus der Hand zu geben, um eine Tätigkeit nicht zielorientiert fertig stellen zu wollen.

4. Akzeptieren Sie berechtigte Kritik und üben Sie konstruktives Streiten

Menschen, die so von sich überzeugt sind, dass sie sich für nahezu unfehlbar halten, suchen für jeden noch so kleinen Fehler einen Schuldigen. Doch falsche Schuldzuweisungen können sowohl im Privat- wie auch im Berufsleben schwer wiegende negative Konsequenzen nach sich ziehen. Arbeiten Sie an sich und übernehmen Sie die Verantwortung für gemachte Fehler. Fordern Sie keine Entschuldigungen und übertragen Sie Ihre Schuld auch nicht auf andere. Wer einen Irrtum zugeben kann, demonstriert damit innere Größe ebenso wie Gelassenheit und hat die Chance, aus Fehlern zu lernen. Auch die Fähigkeit, sich sachbezogen und konstruktiv mit Kollegen, Vorgesetzten und Geschäftspartnern auseinander zu setzen, ist wichtig für ein erfülltes Berufsleben. Ein klärendes Gespräch kann Wunder wirken. Dabei sollten Sie Ihren Standpunkt kennen und diesen auch vertreten können. Nutzen Sie Ich-Aussagen, verzichten Sie auf Vorwürfe, bewahren Sie einen kühlen Kopf.

5. Bedauern Sie sich nicht selbst und lernen Sie, persönliche Schwierigkeiten schnellstmöglich zu überwinden

Es ist schwer, sich nicht selbst zu bedauern, wenn Sie mit einer belastenden Lebenssituation schwer klarkommen. Permanentes Selbstmitleid ist jedoch kontraproduktiv und erzeugt genau das Gegenteil von dem, was eigentlich intuitiv erhofft wird – Zuwendung. Stattdessen reagieren Ihre Mitmenschen mit wachsender Ungeduld und wenden sich schließlich ab. Daher sollten Sie alles daransetzen, die für Sie ungünstige Situation so schnell wie möglich wieder ins Lot zu bringen.

Krisen haben meist Auswirkungen auf alle Lebensbereiche, auch auf das Berufsleben. Wenn irgend möglich, sollten Sie sich den unangenehmen Situationen mutig stellen und ihnen nicht ausweichen. Dabei ist es wichtig, Berufs- und Privatleben soweit wie möglich zu trennen.

6. Lernen Sie, Impulse zu kontrollieren

Impulsive Reaktionen sind an sich nichts Ungewöhnliches und in einigen Situationen durchaus notwendig. Dennoch kann das sofortige Umsetzen von inneren Impulsen zu unüberlegtem Handeln führen und verhindern, dass eigentlich vorhandene Fähigkeiten umgesetzt werden können. Handeln Sie – wenn notwendig – rasch, ansonsten aber eher aus Ihrer Erfahrung heraus und nach einer Zeit des Abwägens. Was immer Außergewöhnliches auf Sie zukommt, Sie stört und ärgert: Bleiben Sie gelassen, erinnern Sie sich der chinesischen Weisheit »In der Ruhe liegt die Kraft«.

7. Konzentrieren Sie sich auf Ihre eigenen Ziele

Intelligenz ist keine Voraussetzung für Konzentrationsfähigkeit. Vielen Menschen gelingt es nicht, sich längere Zeit auf eine einzige Sache zu konzentrieren. Gewiss ist Ablenkbarkeit ein Faktor, den niemand gänzlich ausschließen kann. Versuchen Sie jedoch, sich auf die wesentlichen Dinge zu konzentrieren. Ermitteln Sie die Rahmenbedingungen, unter denen Sie am effektivsten arbeiten können, und schaffen Sie sich diese.

8. Bewahren Sie Ihre Unabhängigkeit

Selbstständiges Handeln ist für die meisten Aufgaben im Leben eine unabdingbare Voraussetzung. Auch in der Teamarbeit wird in gewisser Weise ein selbstständiges Arbeiten und Denken erwartet. Bauen Sie darum in erster Linie auf sich selbst; agieren Sie souverän und übernehmen Sie die Verantwortung für Ihre Handlungen.

Wenn die zu überwindenden Widerstände allzu groß sind: Mit dem Kopf durch die Wand hilft in den seltensten Fällen. Das ist keine Aufforderung, »sein Fähnchen in den Wind zu hängen«, sondern es kommt auch auf die überlebensnotwendige Fähigkeit an, sich wechselnden Verhältnissen anpassen zu können – ohne sich dabei selbst zu verlieren. Im Umgang mit anderen bedeutet dies, kompromissbereit zu sein und trotzdem Rückgrat zu zeigen.

9. Finden Sie das für Sie richtige Maß zwischen Überlastung und Unterforderung

Zu viel Ehrgeiz kann schädlich sein. Wer sich überschätzt und sich zu viel zumutet, erreicht die gesteckten Ziele trotz Engagement und harter Arbeit nur selten. Es besteht ständig die Gefahr, sich in zu vielen Einzelprojekten zu verlieren. Genauso schädlich kann jedoch auch Unterforderung sein, da persönliche Qualitäten nicht zum Einsatz kommen und so verkümmern können. Lernen Sie, Ihre Kapazitäten optimal einzusetzen und Ihre Ziele so einzuteilen, dass Sie damit die beste Leistungssteigerung erreichen.

10. Haben Sie keine Angst vor Fehlschlägen

Alle Menschen machen Fehler, und niemand begeht sie absichtlich. Was Menschen jedoch unterscheidet, sind die Konsequenzen daraus. Viele Menschen entwickeln Versagensängste, die meist schon in der Kindheit entstehen und einem erfolgsorientierten Handeln im Wege stehen. Einen Fehler zu begehen ist jedoch nicht dasselbe wie Versagen.

Auch erfolgsintelligente Personen begehen natürlich Fehler, sie machen jedoch in der Regel denselben Fehler nicht zweimal. Aus Fehlern zu lernen und sie zu korrigieren ist ein wichtiger Aspekt der Erfolgsintelligenz.

Problemlösungskompetenz, Engagement, Eigeninitiative und Allianzen

Optimieren Sie Ihre Problemlösungskompetenz

Aufgaben und Herausforderungen können auf ganz unterschiedliche Weisen bewältigt werden. Der eine sitzt handlungsunfähig vor einem Problem wie das sprichwörtliche Kaninchen vor der Schlange; der andere verfällt in hektische, aber ziellose Aktivität. Der Dritte wiederum analysiert die Situation und handelt dann mutig, gezielt und entschlossen.

Für alle Bereiche, die Ihre Arbeit betreffen, sollten Sie sich ein geschicktes Problemlösungsverhalten antrainieren. Stellen Sie sich dazu die Fragen:

▶ Wie gehen Sie Probleme an?
▶ Wie planen Sie Ihre Vorhaben?
▶ Wie setzen Sie Ihre Ideen und Vorhaben in die Tat um?

Verschiedene Situationen im Leben erfordern unterschiedliches Denken. Nur so können mannigfache Aufgaben bewältigt werden. Manchmal ist analytisch geprägtes Denken von Vorteil, ein anderes Mal ein kreatives Herangehen oder eine praxisorientierte Handlungsweise. Üben Sie Ihre analytischen wie auch Ihre kreativen und praktischen Denkfähigkeiten. Versuchen Sie einzuschätzen, in welcher Situation welche Art des Denkens die richtige ist. Dadurch sind Sie in der Lage, Anforderungen besser gerecht zu werden.

Investieren Sie in Ihre Zukunft, zeigen Sie Engagement und Eigeninitiative

Wie jeder Unternehmer müssen auch Sie auf dem Laufenden bleiben, sich den modernen Entwicklungen anpassen – am besten aber vorausschauender planen und handeln als andere. Wie jeder Unternehmer sollten Sie Grundsätze beachten, damit Sie im Geschäft bleiben und erfolgreich sind:

► Informieren Sie sich und versuchen Sie zu erspüren, wohin der Trend in Ihrer Branche geht.
► Besuchen Sie Fortbildungen und Fachseminare, investieren Sie Zeit, Mühe und Geld, damit Sie auf dem neuesten Stand der Entwicklung sind.
► Machen Sie nicht den Fehler, von Ihrem Job absolute Sicherheit und Kontinuität zu erwarten. Geistige Beweglichkeit und die Bereitschaft, mit Neuerungen und Veränderungen positiv umzugehen, sind die besten Voraussetzungen, um auf dem Arbeitsmarkt zu bestehen und emotional im Gleichgewicht zu bleiben.

Suchen Sie berufliche Allianzen
Nichts ist in der Arbeitswelt so wichtig wie »Vitamin B«, ein dicht verzweigtes berufliches Netzwerk von Personen, die Ihnen zugetan sind und Sie unterstützen. Ein guter Kollege erzählt Ihnen zum Beispiel, dass in einer anderen Abteilung genau der Arbeitsplatz frei ist, den Sie schon lange suchen. Und er legt für Sie ein gutes Wort beim zuständigen Abteilungsleiter ein. Ein oft praktizierter Idealfall – ein einzelnes Gespräch ist in diesem Fall sehr viel effektiver als eine Stellenanzeige im unternehmenseigenen Intranet. Pflegen Sie Ihre bisherigen Kontakte und gewinnen Sie neue dazu; Ihre Eigeninitiative ist und bleibt Ihr größter Erfolgsfaktor!

Tipp: Betrachten Sie Ihre Branche oder Ihr Fachgebiet als Ganzes. Reden Sie mit Menschen, die ein gutes Gespür für die »Großwetterlage« haben, und finden Sie heraus, was sich ändert, was die Konkurrenz plant und welche technischen Neuerungen gerade eingeführt werden. Eine der wichtigsten Grundlagen dafür ist Ihre Kontakt- und Kommunikationsfähigkeit.

Herr Kollar zieht Bilanz

Herr Kollar fühlt sich doch sehr angespannt. Er hätte nicht gedacht, dass ihm die Vielfalt und Menge dieser Aufgaben so zu schaffen machen würde. Es fällt ihm schwer, nach der überaus konzentrierten Arbeit mit Zahlen und Statistiken umzuschalten auf charmante und überzeugende Verkaufsgespräche mit den Kunden. Zum Glück braucht er diesen Stress nur eine halbe Woche auszuhalten, dann ist auch diese Belastungsprobe überstanden. Der angestrebte Abteilungswechsel lässt ihn die Herausforderung durchstehen.

Am Nachmittag hat er eine recht schwierige Kundin. Sie ist schon das zweite Mal da, lässt sich sämtliche Modelle zeigen, ist aber immer unzufrieden und hat etwas zu beanstanden. Mal ist ihr das Motorengeräusch zu laut, mal der Kofferraum zu klein oder die Form nicht windschnittig genug. Außerdem hat sie sich schon drei verschiedene Varianten der Finanzierung durchrechnen lassen. Herr Kollar versucht stets nett und serviceorientiert zu bleiben, ist jedoch erleichtert, als sie endlich geht.

Zwei Stunden später ruft sie erneut an, um einen Termin für ein drittes Verkaufsgespräch zu vereinbaren. Herr Kollar stöhnt innerlich auf. Bedingt durch die Besuche dieser Kundin hat er andere wichtige Kontakte vernachlässigt. So ruft er üblicherweise Interessenten, die bereits bei ihm waren, nach zwei Wochen an, um sie nach dem Stand der Dinge zu befragen. Auch musste er ihretwegen ein anderes, sehr positiv verlaufendes Verkaufsgespräch verkürzen, weil sie bereits ungeduldig auf ihn wartete.

Herr Kollar setzt sich gerade hin. Er ist gern bereit, mit ihr einen dritten Termin zu vereinbaren, wenn sie vorab genau sagen kann, welche Wünsche und Fragen offen geblieben sind. Und welchen Pkw-Typ mit welcher Ausstattung sie im Auge hat. Die verschiedenen Finanzie-

rungsmöglichkeiten kenne sie ja schon. Die Kundin schweigt einen Moment. Sie formuliert stockend, dass sie eigentlich noch nicht so weit in der Konkretisierung ihres Kaufwunsches sei, sie wolle sich einfach nur gern weiter informieren. Herr Kollar verspricht, ihr einen ausführlichen Prospekt über die zwei präferierten Modelle zukommen zu lassen und sich in etwa einer Woche wieder zu melden. Die Kundin bedankt sich, das Gespräch ist beendet.

Herr Kollar kennt diese Art von Kunden. Viel Arbeit, kein Umsatz. Gelangweilte Ehefrauen, die wahrscheinlich gar kein Geld haben, um sich einen neuen Wagen zu kaufen. Und um das zu überspielen, mäkeln sie an allem herum. Da investiert er seine Arbeitszeit lieber sinnvoller und ruft gleich eine Reihe von wirklichen Interessenten an. Mit zweien macht er Termine. Das hat sich wenigstens gelohnt.

Einige Tage später sitzt er mit Herrn Ehlers über den nun endlich fertig gestellten Verkaufsstatistiken. Dieser scheint äußerst gut gelaunt und gesprächig, übergeht sogar nonchalant zwei Fehler, die er in der Statistik entdeckt. Normalerweise würde er dies Herrn Kollar schwer anlasten. »Wenn es nach mir ginge«, sagt Herr Ehlers, »können Sie gern weiter halbtags im Vertrieb arbeiten. Ihre Verkaufszahlen sind zwar nicht spitzenmäßig, aber Ihr Einsatz trägt sich. Und mit der Unterstützung Ihrer Kollegen, die Sie auch sehr schätzen, geht es bestimmt weiter nach oben mit den Verkäufen. Wie das allerdings die Kollegen in der Buchhaltung beurteilen, weiß ich nicht.«

Herr Kollar ist erstaunt. Nun gut, auch das ist ein Feedback, ein Ergebnis seiner Bemühungen. Dennoch ist er gespannt auf die Rückmeldung von Frau Boohn. Als sie anruft, um ihm zu erzählen, was sie herausgefunden hat, ist er richtig aufgeregt. Seine Stimme zittert etwas, hoffentlich hat sie es nicht gemerkt. Die Qualitätsbeauftragte würde ihn gern persönlich sehen, ob er kurz Zeit hätte?

In ihrem Büro traut sich Herr Kollar kaum, ihr in die Augen zu sehen. Bestimmt wird es nicht klappen, denkt er sich. Frau Boohn hat eine gute und eine schlechte Nachricht für ihn. Die schlechte sei, dass der Marketingleiter schon jemand Neues für die Position im Auge hat.

Außerdem hätte er Vorbehalte, jemanden zu sich in die Abteilung zu holen, der so alt sei, offen und ehrlich gesagt, dies aber wirklich nur als vertrauliche Information von ihr. Es tue ihr Leid, aber es sei manchmal schwierig, jemanden von seinen Vorurteilen wegzubringen.

Herr Kollar ist enttäuscht, seine ganze Mühe scheint umsonst gewesen zu sein. Sie sieht ihm die Enttäuschung an, spricht jedoch einfach weiter. Die gute Nachricht sei, dass die Qualitätssicherung wahrscheinlich aufgestockt werde. Frau Boohn solle einen Mitarbeiter bekommen. Das stehe noch nicht hundertprozentig fest, die Geschäftsführung müsse noch zustimmen. Aber wenn, ja, dann könne sie sich gut eine Zusammenarbeit mit ihm vorstellen. Was er dazu sagen würde? Sie schaut ihn prüfend an.

Herr Kollar schweigt, ist in Gedanken immer noch bei der Verarbeitung der ersten Information. Frau Boohn fragt, ob er sich denn nicht über diese Möglichkeit auch ein bisschen freuen könne. Er schaut ihr fest in die Augen, lächelt und meint, dass er sich sehr freue, er müsse nur noch die erste Nachricht verdauen. Ja, auch mit ihr zu arbeiten, könne er sich gut vorstellen. Er würde sich sehr freuen, wenn sie ihn anspräche, sobald die Geschäftsführung der neuen Position zustimme. Die Qualitätsbeauftragte lächelt. »Sehr schön«, meint sie, »das habe ich mir gedacht, dass Sie auch dazu Lust haben.« Und jemanden, der seine Ressourcen so sinnvoll einteilt, könne sie sehr gut gebrauchen. Herr Kollar zieht die Augenbrauen hoch.

Ja, sie hätte von seiner nervigen Kundin gehört. Sie sei die Ehefrau des Geschäftsführers eines befreundeten Autohauses und mache ab und an Marktrecherche. Dabei sei sie von ihm bedient worden und habe sich abends ganz positiv bei ihrem Mann über ihn geäußert. Herr Kollar sei jemand gewesen, bei dem sie sich wohl gefühlt habe. Ohne sich von ihr vereinnahmen zu lassen, habe er ihr nett gezeigt, dass er sich nur so intensiv weiter mit ihr beschäftigt, wenn sie denn wirklich auch kaufen wolle. »Und prompt ruft ihr Mann bei unserem Geschäftsführer an und erzählt es ihm brühwarm weiter. Und unser Geschäftsführer gibt das positive Feedback gleich weiter an Herrn

Ehlers«, berichtet Frau Boohn und ist verwundert, dass Herr Kollar die Geschichte noch gar nicht kennt. Herrn Kollar geht ein Licht auf. Deswegen war der Ehlers so freundlich!

Abends bespricht er die Entwicklungen mit seiner Frau. Es hat sich viel getan in den letzten Wochen und Monaten. Das Verhältnis zu seinem neuen Vorgesetzten ist besser geworden, er respektiert ihn zunehmend, er hat ein neues Aufgabengebiet hinzubekommen und mit etwas Glück sogar ein interessantes neues Arbeitsgebiet in Aussicht. Auch wenn er immer mal wieder an sich zweifelt: Seine neue Haltung hat ihm bereits viele Vorteile gebracht.

Hoffentlich kommt's nicht so schlimm, wie es wirklich ist.
Karl Valentin

AUSBLICK UND WEICHENSTELLER

Wie wird unsere Arbeitswelt in Zukunft aussehen? Werden wir überhaupt noch einen festen Arbeitsplatz haben oder vom Home Office, also von zu Hause aus, als freie, auf Erfolgsbasis bezahlte Mitarbeiter tätig sein? Werden wir unsere Vorgesetzten nur noch über Videokonferenzen informieren und so auch unsere Aufträge bekommen, für einen Arbeitgeber arbeiten oder mehrere Jobs parallel innehaben müssen, um überhaupt finanziell über die Runden zu kommen? Werden uns Computer noch mehr und immer anspruchsvollere Routinetätigkeiten abnehmen?

Eins steht fest: Ein permanenter Wandel ist Kennzeichen unserer gegenwärtigen und zukünftigen Arbeitswelt. Flexibilität wird auf allen Ebenen gefordert, ob bei der Aufgabenerfüllung oder im Umgang mit neuester Technik. Die Anforderungen unserer Wissens- und Informationsgesellschaft an Berufs- und Erwerbstätige sind hoch, und sie werden noch steigen. Ihr fachliches Know-how als Ausgangsbasis, Ihre Leistungsbereitschaft, insbesondere aber Ihre Persönlichkeit sind die entscheidenden Weichensteller für Ihren Erfolg in der Arbeitswelt. Das bedeutet, Ihr Vorgesetzter prüft Sie nach den folgenden Kriterien:

▸ Verfügen Sie über die erforderlichen generellen und fachlichen Qualifikationsmerkmale?

▸ Was bewegt Sie, was treibt Sie zu besonderen Leistungen an?

▸ Was sind Ihre Motive für Arbeitsplatz- und Aufgabenwahl und sind Sie bereit, Außerordentliches zur Verwirklichung von Unternehmenszielen zu leisten?

▸ Mobilisieren Sie positive Gefühle, kann man sich mit Ihnen wohl fühlen, passen Sie zum Team, zum Unternehmen? Stimmt die persönliche Chemie, lassen Sie für Ihre Person Sympathie und damit Vertrauen entstehen?

Entscheidend sind also **Kompetenz, Leistungsmotivation und Persönlichkeit** sowie Mut, Engagement und sicherlich auch das berühmte Quäntchen Glück. Ihr Erfolg wird durch folgende Faktoren geprägt:

▸ zu 10 bis 20 Prozent durch Ihre Kompetenz,

▸ zu 20 bis 40 Prozent – immerhin doppelt so viel – durch Ihre Leistungsmotivation, aber

▸ zu 40 bis 70 Prozent durch Ihre persönliche Wesensart.

Was Sie heute mehr denn je brauchen, um erfolgreich in der Arbeitswelt zu agieren, ist ein fundiertes Hintergrundwissen, ein möglichst breiter Kenntnisstand in Sachen Selbstmarketing. Und dazu gehört insbesondere die Fähigkeit, erfolgreich in Kontakt zu kommen, optimal zu kommunizieren. Je sorgfältiger Sie Ihr Vorgehen hierin planen, desto stabiler Ihr Selbstbewusstsein, desto realistischer Ihr beruflicher Erfolg.

Wenn Sie Ihre Rolle als Unternehmer ernst nehmen, müssen Sie sich damit vertraut machen, wie und was Ihr Kunde denkt und will. Dass Intelligenz allein fast nichts bewirkt und worauf es wirklich ankommt, wenn man etwas erreichen will, verdeutlichen uns sehr anschaulich die Modelle der emotionalen, sozialen und Erfolgsintelligenz.

> Stärken Sie Ihre kommunikativen Fähigkeiten auch im Sinne eines positiven Kontaktverhaltens und einer stabilen Beziehungsfähigkeit. Konzentrieren Sie sich auf Ihre Stärken und entwickeln Sie Ihre Kompetenzen.

Unser Ziel, Sie als unentbehrlichen Mitarbeiter zu präsentieren, ist nun zumindest in der Theorie erreicht. Einige Aspekte haben Sie wahrscheinlich schon immer berücksichtigt, andere sind Ihnen jetzt bewusst geworden, und Sie werden sie recht einfach in die Praxis umsetzen können. Manche unserer Hinweise sind jedoch nur mit viel Geduld und Übung zu meistern; eine intensive Auseinandersetzung mit sich selbst ist unabdingbare Voraussetzung dafür. Wir können Ihnen nur Impulse geben, an sich arbeiten müssen Sie selbst. Aber seien Sie gewiss: Nicht nur beruflich wird eine Selbstanalyse positive Konsequenzen für Sie haben, sondern auch im Privatleben. Nehmen Sie sich die Zeit, dieses Buch immer wieder einmal durchzulesen. Sie werden in jeder Stimmung, in jeder Situation andere Hinweise entdecken, die Sie für sich nutzen können.
Am wichtigsten ist bei allem, was Sie tun: Es sollte zu Ihnen passen und Sie sollten sich wohl damit fühlen. Nur dann wirkt es authentisch und überzeugend auf andere. Vergessen Sie nie:

**Wir sind nicht auf der Welt, um so zu sein,
wie andere uns haben wollen.**

SELBSTEINSCHÄTZUNGSTEST: WIE STEHT ES UM IHREN ARBEITSPLATZ?

Mit Hilfe dieses zweiteiligen Tests können Sie feststellen, ob es Ihrem Arbeitgeber schlecht geht und inwieweit Sie persönlich und Ihr Job gefährdet sind. Beurteilen Sie die folgenden Situationen für Ihre Firma und im zweiten Abschnitt für sich persönlich.

Testteil A: berufliche Situation

Veraltete Computer, kaputte Leuchtstoffröhren, defekte Büromaschinen, das Fenster in Ihrem Büro ist schon seit letztem Winter undicht. Stattdessen immer wieder Sparappelle, der Firmenkaffee wird gestrichen. Deutliche Anzeichen, dass es der Firma schlecht geht. *Symptom: Überall fehlt es am Nötigsten.*

☐ trifft voll und ganz zu (4)
☐ trifft halbwegs zu (3)
☐ teils/teils, weiß nicht, bin unsicher (2)
☐ trifft eigentlich kaum zu (1)
☐ trifft überhaupt nicht zu (0)

Ihre Abteilung wartet seit Monaten auf eine neue Sekretärin. Angeblich bewirbt sich niemand. In Wahrheit wird
niemand eingestellt. *Symptom: schon lange keine Neuein-
stellungen mehr.*

☐ trifft voll und ganz zu (4)
☐ trifft halbwegs zu (3)
☐ teils/teils, weiß nicht, bin unsicher (2)
☐ trifft eigentlich kaum zu (1)
☐ trifft überhaupt nicht zu (0)

In Ihrer Firma gibt es seit Jahren keine Gehaltserhöhungen
mehr. Man hofft darauf, dass Mitarbeiter von sich aus kündigen. *Symptom: schon ewig lange keine Gehaltserhöhungen.*

☐ trifft voll und ganz zu (8)
☐ trifft halbwegs zu (6)
☐ teils/teils, weiß nicht, bin unsicher (4)
☐ trifft eigentlich kaum zu (2)
☐ trifft überhaupt nicht zu (0)

Die Stimmung unter den Kollegen ist schlecht: keine gemeinsamen Mittagspausen, kein freundliches Wort. Jeder
will seine Haut retten. Gerüchte haben Hochkonjunktur.
Symptom: total miese Stimmung.

☐ trifft voll und ganz zu (8)
☐ trifft halbwegs zu (6)
☐ teils/teils, weiß nicht, bin unsicher (4)
☐ trifft eigentlich kaum zu (2)
☐ trifft überhaupt nicht zu (0)

Alle Sonderzahlungen, die nicht tariflich abgesichert waren, werden gekürzt. Begründung: Die Firma muss sparen. *Symptom: weniger oder überhaupt kein Weihnachts- und Urlaubsgeld mehr.*

☐ trifft voll und ganz zu (8)
☐ trifft halbwegs zu (6)
☐ teils/teils, weiß nicht, bin unsicher (4)
☐ trifft eigentlich kaum zu (2)
☐ trifft überhaupt nicht zu (0)

Innerhalb der letzten sechs Monate gab es Kündigungen und Entlassungen oder Abfindungen, um Mitarbeitern das Verlassen der Firma schmackhaft zu machen. *Symptom: aktiver Personalabbau.*

☐ trifft voll und ganz zu (12)
☐ trifft halbwegs zu (9)
☐ teils/teils, weiß nicht, bin unsicher (6)
☐ trifft eigentlich kaum zu (3)
☐ trifft überhaupt nicht zu (0)

Immer mehr gute Mitarbeiter kündigen oder suchen sich neue Jobs. Auch leitende Mitarbeiter sind darunter. Die Belegschaft wird älter und älter, Nachwuchs bleibt aus. *Symptom: gute Mitarbeiter kündigen.*

☐ trifft voll und ganz zu (16)
☐ trifft halbwegs zu (12)
☐ teils/teils, weiß nicht, bin unsicher (8)
☐ trifft eigentlich kaum zu (4)
☐ trifft überhaupt nicht zu (0)

Ihre Firma wird bereits zum dritten Mal innerhalb kurzer Zeit umstrukturiert: Angeblich soll jetzt endlich alles besser werden! *Symptom: ständige Umstrukturierungen.*

☐ trifft voll und ganz zu (16)
☐ trifft halbwegs zu (12)
☐ teils/teils, weiß nicht, bin unsicher (8)
☐ trifft eigentlich kaum zu (4)
☐ trifft überhaupt nicht zu (0)

Auf das Gehalt vom Vormonat warten Sie immer noch, und da sind Sie nicht der Einzige. *Symptom: Gehaltszahlungen bleiben teilweise oder ganz aus.*

☐ trifft voll und ganz zu (20)
☐ trifft halbwegs zu (15)
☐ teils/teils, weiß nicht, bin unsicher (10)
☐ trifft eigentlich kaum zu (5)
☐ trifft überhaupt nicht zu (0)

Ihr Ergebnis: _____ Punkte

Interpretationsschema: siehe Seite 221

Testteil B: persönliche Situation

Sie sind in den letzten Monaten trotz guter Leistungen nicht ein einziges Mal gelobt worden. *Symptom: deutsche Chefkrankheit.*

☐ trifft voll und ganz zu (4)
☐ weiß nicht, bin unsicher (2)
☐ trifft überhaupt nicht zu (0)

Sie haben in den letzten zwei Jahren mehr als fünf Werktage wegen Krankheit gefehlt. *Risiko: die Schwachen zuerst.*
☐ trifft voll und ganz zu (4)
☐ weiß nicht, bin unsicher (2)
☐ trifft überhaupt nicht zu (0)

Sie gehören dem Betrieb/Unternehmen weniger als zwei Jahre an und sind über 40 oder unter 30 Jahre alt. *Risiko: Sozialauswahl.*
☐ trifft voll und ganz zu (4)
☐ trifft teilweise zu (3)
☐ weiß nicht, bin unsicher (2)
☐ trifft überhaupt nicht zu (0)

Wenn Sie mit Ihrem Chef reden wollen, hat er keine Zeit, ist angeblich ständig in Besprechungen, grüßt nur flüchtig und blickt Sie dabei kaum mehr an. Im Büro verschanzt er sich hinter verschlossener Tür. Sie spüren, er will unbedingt kritische Fragen vermeiden. *Symptom: Ihr Chef lässt sich verleugnen.*
☐ trifft voll und ganz zu (8)
☐ trifft so in etwa zu (6)
☐ teils/teils, weiß nicht, bin unsicher (4)
☐ trifft eigentlich kaum zu (2)
☐ trifft überhaupt nicht zu (0)

Eine für Sie wichtige und Ihnen schon lange fest zugesagte Fortbildung oder Ähnliches wird Ihnen im letzten Moment – ohne große Erklärung – doch nicht bewilligt und einfach abgesagt. *Symptom: Bestrafung und Willkür.*
☐ trifft voll und ganz zu (9)
☐ teils/teils, weiß nicht, bin unsicher (6)
☐ trifft überhaupt nicht zu (0)

Ihre Kollegen ziehen sich zurück und meiden Sie. Wenn Sie in die Teeküche kommen, verstummen die Gespräche, die Blicke werden gesenkt. Kaum jemand fragt Sie mehr um Rat. Auch ein sicheres Zeichen dafür, dass einige Kollegen mehr wissen als Sie. *Symptom: Sie werden gemieden.*

☐ trifft voll und ganz zu (12)
☐ trifft so in etwa zu (9)
☐ teils/teils, weiß nicht, bin unsicher (6)
☐ trifft eigentlich nur ganz selten zu (3)
☐ trifft überhaupt nicht zu (0)

Sie werden immer häufiger aus nichtigem Grund lautstark vor versammelter Mannschaft kritisiert. *Symptom: verstärkte, unfaire Kritik.*

☐ trifft voll und ganz zu (16)
☐ trifft so in etwa zu (12)
☐ teils/teils, weiß nicht, bin unsicher (8)
☐ trifft eigentlich nur ganz selten zu (4)
☐ trifft überhaupt nicht zu (0)

Sie haben bereits eine schriftliche Abmahnung. *Risiko: vorbereitende Maßnahmen zur Kündigung.*

☐ trifft voll und ganz zu (16)
☐ teils/teils, weiß nicht, bin unsicher (8)
☐ trifft überhaupt nicht zu (0)

Seit neuestem ist Ihr Arbeitsplatz in der hintersten Ecke. Jetzt treffen Sie nur noch selten Ihre Kollegen, Sie fühlen sich isoliert und abgeschoben. *Risiko: Sie werden gemobbt.*

☐ trifft voll und ganz zu (20)
☐ trifft so in etwa zu (15)
☐ teils/teils, weiß nicht, bin unsicher (10)
☐ trifft überhaupt nicht zu (0)

Ihr Ergebnis: ____ Punkte

Auswertung A: Wie steht Ihre Firma da?

Bis 20 Punkte: keine oder (ab 15 Punkte) nur eine sehr geringe Gefahr! Und damit eine halbwegs entspannte Ausgangssituation. Gut, wenn Sie das Buch gelesen haben, aber kein Grund, sich selbstquälerisch schlaflose Nächte zu bereiten.

21 bis 27 Punkte: Achtung, aufpassen, Gefahr im Verzug! Gut, wenn Sie sich mittels dieser Lektüre aktiv mit Ihrer Situation auseinander setzen. Das stärkt und kann Ihnen ganz entscheidende Hinweise geben, was jetzt immer wichtiger wird, worauf Sie unbedingt achten sollten.

28 bis 34 Punkte: Anlass zu ernsthaften Sorgen, das spüren Sie selbst. Sie haben jedes Recht, sich jetzt – hoffentlich noch rechtzeitig – Gedanken zu machen. Wir haben Ihnen hier viele Anregungen geliefert.

35 bis 41 Punkte: Alarmstufe Rot! Die Unternehmenslage und damit auch Ihre Arbeitsplatzsituation sind stark gefährdet! Sie haben allen Grund, sich mit diesem Buch sehr intensiv auseinander zu setzen. Nutzen Sie die Zeit, sich auf die schwierige Situation bestmöglich vorzubereiten.

ab 42 Punkte: Supergau! Die Lage ist extrem angespannt. Sie brauchen unbedingt Beistand.

Auswertung B: Wie stehen Sie persönlich da?

Bis 20 Punkte: keine oder (ab etwa 15 Punkte) nur sehr geringe Gefahr. Und damit für Sie ganz persönlich zunächst einmal eine recht entspannte Ausgangssituation. Das Buch gelesen zu haben, wird Ihnen auch zukünftig helfen.

21 bis 25 Punkte: deutlich angespannte Situation! Achtung, aufpassen! Gut, wenn Sie sich mittels der Lektüre aktiv mit Ihrer persönlichen Situation auseinander setzen. Das stärkt Sie und gibt Ihnen Kraft, die Sie gebrauchen können.

26 bis 34 Punkte: Alarm! Sie haben Anlass zu ernsthaften Sorgen. Das spüren und wissen Sie. Werden Sie aktiv, machen Sie konkrete Pläne, wie es weitergehen soll. Wir haben Ihnen viele Anregungen geliefert.

35 bis 44 Punkte: Alarmstufe Rot! Ihre persönliche Situation ist sehr schwierig. Sie haben allen Grund, sich mit diesem Buch intensiv auseinander zu setzen. Nutzen Sie Ihre Zeit, sich auf schwierige Situationen bestmöglich vorzubereiten. Das Buch wird Ihnen helfen.

Ab 45 Punkte: Supergau! Es brennt, Ihre persönliche Situation ist extrem schwierig. Sie brauchen unbedingt Beistand.

Mut ist nicht die Abwesenheit der Angst, sondern die Erkenntnis, dass es etwas gibt, das wichtiger ist als die Angst.
Ambrose Redmoon

MEHR MUT IM UMGANG MIT ANGST

Eine Anleitung zur Angstbewältigung

Was wäre, wenn?

Nehmen Sie Papier und Stift zur Hand. Stellen Sie sich jetzt bitte einmal so realistisch wie möglich vor, Sie verlieren Ihre Arbeitsstelle. Was könnte der Arbeitsplatzverlust schlimmstenfalls für Sie bedeuten? Was passiert, wenn Sie Ihren Job verlieren? Woran müssen Sie jetzt denken, welche Bilder tauchen auf?

▶ Sie stehen bei der Bundesagentur für Arbeit in der Schlange mit anderen Arbeitslosen.
▶ Sie müssen sich wieder bewerben.
▶ Sie können Ihre Wohnung nicht mehr abbezahlen.
▶ Sie können nicht mehr in Urlaub fahren.

Was macht Ihnen wirklich Angst? Lassen Sie Ihrer Fantasie freien Lauf und schreiben Sie alle Gedanken auf. Nehmen Sie sich dafür wenigstens zehn Minuten Zeit. Sie brauchen diese Niederschrift niemandem zu zeigen. Sie sind keinem Rechenschaft schuldig. Aber tun Sie es! Bringen Sie Ihre Sorgen, Befürchtungen und Ängste aufs Papier. Legen Sie anschließend Ihr beschriebenes Papier sorgfältig weg, so dass es niemandem in die Hände fallen kann.

Satzergänzungen

Sollten Sie eine weitere Übung wünschen, empfehlen wir Ihnen, den nachfolgenden Satzanfang auf ein A4-Blatt zu kopieren und spontan, ohne viel Nachdenken, zu vervollständigen. Nicht einmal, nein, sondern zehnmal hintereinander, mit jeweils unterschiedlichen Varianten. Schreiben Sie ohne Unterbrechung immer weiter, ohne darüber nachzudenken oder sich zu sorgen, ob es auch richtig, sinnvoll oder tiefsinnig genug ist.

>>Wenn ich meinen Arbeitplatz verliere, ...<<

Lassen Sie anschließend die zehn vollendeten Sätze einfach ruhen.

Diese von Nathaniel Branden[49] empfohlene Satzergänzungstechnik hilft Ihnen, an mögliche Psychoblockaden zu gelangen und diese zu überwinden. Mit etwas Abstand nach der Niederschrift gelesen, wird Ihnen schneller bewusst, was hier zum Ausdruck kommt.

Die Vorgehensweise basiert auf dem Umstand, dass >>wir klüger sind und über mehr Fähigkeiten verfügen, als wir in der Regel durch unser Verhalten zeigen. Satzergänzungsübungen sind ein Instrument, um an diese verborgenen Ressourcen heranzukommen und sie zu aktivieren.<<

Schauen Sie sich mit etwas zeitlichem Abstand Ihre ergänzten Sätze an. Was kommt Ihnen in den Sinn? Welche Assoziationen haben Sie, wenn Sie diese Sätze jetzt lesen und auf sich wirken lassen?

Bereiten Sie sich mit dem Fotokopierer einige A4-Blätter mit diesem und ähnlichen Satzanfängen (Vorschläge siehe unten) vor und vervollständigen Sie sie spontan ohne viel Nachdenken.

Weitere Vorschläge für Satzanfänge zur individuellen Ergänzung:

- ▶ »Ohne Arbeit bin ich ...«
- ▶ »Der Verlust meines Arbeitsplatzes bedeutet für mich ...«
- ▶ »Wenn ich keine Arbeit mehr habe, ...«
- ▶ »Ohne Arbeit ...«
- ▶ »Wenn ich keine Arbeit habe, werden mich andere ...«
- ▶ »Bevor ich meinen Arbeitsplatz aufgebe, ...«

Seien Sie versichert, Papier ist geduldig und sehr verschwiegen, wenn Sie es nicht offen herumliegen lassen.

Vielleicht ist ja Ihre größte Angst, dass Ihr Partner Sie verlässt, die Kinder sich für Sie schämen. Oder Ihre Eltern (egal wie alt Sie sind) könnten Sie als »Nichtsnutz« beschimpfen, oder die netten Kundenberater Ihrer Bank sehen Sie komisch an, wenn Sie plötzlich Arbeitslosengeld beziehen. Oder Sie können sich es dann nicht mehr leisten, im Bioladen einzukaufen. Jede Angst, und scheint sie Ihnen noch so abwegig zu sein, hat ein Recht, beachtet zu werden. Nur so können wir sie loslassen lernen.

Schauen Sie sich Ihre Notizen noch einmal an und fragen Sie sich ganz ehrlich, ob Sie auch alles notiert haben.

Die beiden Übungen wiederholen Sie am besten eine Woche lang, jeden Morgen direkt nach dem Aufstehen. Es wird Ihnen helfen, Ihre Angst zu überwinden.

Hilfreich ist auch das tägliche Führen eines Tagebuchs. Ein Wochenrück- und -ausblick kann sehr positive, stabilisierende Wirkungen auf Ihr Selbstwertgefühl haben und Ihnen helfen, massive Arbeitsplatzverlustängste zu überwinden oder wenigstens besser damit klarzukommen.

WAS SIE NOCH WISSEN
SOLLTEN ...

Das Autorenteam Hesse/Schrader ist seit über 20 Jahren auf dem Sektor der Bewerbungsratgeber sowie zu weiteren Themen aus der Arbeitswelt publizistisch tätig und hat im Laufe dieser Zeit mehr als 150 Bücher veröffentlicht. Viele davon liegen auch als Taschenbuchausgabe vor. Am Anfang stand die erstmalige Veröffentlichung aller gängigen so genannter Intelligenztests und deren kritische Reflexion. Ebenfalls Neuland zum Bereich »Überleben in der Arbeitswelt« erschloss ihr Buch *Die Neurosen der Chefs – die seelischen Kosten der Karriere*.

Beide Autoren verfügen über eine langjährige Erfahrung als Seminarleiter bei Test- und Bewerbungstrainings. Ein besonderes Interesse gilt der gewerkschaftlichen Bildungsarbeit in Form von Anti-Mobbing- und Konfliktmanagement-Seminaren.

1992 gründeten sie in Berlin das *Büro für Berufsstrategie*, das ausschließlich Arbeitnehmer in allen erdenklichen beruflichen Fragen berät und unterstützt. Hier gehört es zu ihren täglichen Aufgaben, Menschen in dem Findungs- und Verwertungsprozess ihrer Talente und Begabungen, Neigungen und Interessen zu unterstützen und sie zu befähigen das Beste für sich daraus zu entwickeln.

Hier ein Überblick über einige Hesse/Schrader-Bücher, die in einer Bewerbungssituation, aber auch im Arbeitsalltag ganz allgemein hilfreich sein können (alle Eichborn Verlag):

Was steckt wirklich in mir? Der Potenzialanalyse-Test

Selbstbewusstsein. Woher es kommt, wie man es stärkt und erfolgreich einsetzt

Gestaltung der schriftlichen Bewerbungsunterlagen
Praxismappe für die perfekte schriftliche Bewerbung
(Ein Buch im DIN-A4-Format plus CD-Rom mit erfolgreichen Bewerbungsunterlagen in Originalgröße)

Vorstellungsgespräch
Praxismappe für das erfolgreiche Vorstellungsgespräch
(Ein Buch im DIN-A4-Format plus CD Rom mit allen Fragen, die auf Sie zukommen können – mit Hintergrund und Antwortstrategien)

Arbeitszeugnisse
Arbeitszeugnisse – professionell erstellen, interpretieren, verhandeln
(Wer beruflich weiterkommen will, braucht ein gutes Zeugnis und muss die Geheimsprache verstehen)

Tests und Personalauswahlverfahren
Testtraining 2000plus
Assessment Center – das härteste Personalauswahlverfahren

ANMERKUNGEN

1 Siehe Langzeituntersuchung des Infocenters der R+V-Versicherung (65193 Wiesbaden). In der 15. Ausgabe der Studie wurden 2400 Deutsche befragt. Weitere Ergebnisse in Kurzform: An erster Stelle (72 Prozent) steht die Angst vor steigenden Preisen, an zweiter (70 Prozent) die Furcht vor einer schlechteren Wirtschaftslage, an dritter (68 Prozent) die Sorge um den Arbeitsplatz. Zurück ging dagegen die Angst vor Terror und Krieg. Die Ostdeutschen haben dabei etwas mehr Angst vor der Zukunft (54 Prozent) als die Westdeutschen (51 Prozent); Frauen äußern sich besorgter als Männer. *http://de.news.yahoo.com/050908/3/4oh73.html*

2 Das Meinungsforschungsinstitut Gallup rechnet den Verlust für die Volkswirtschaft auf bis zu 254 Milliarden Euro; vgl. A. Christiani, F. M. Scheelen, *Stärken stärken*, München 2002

3 48,4 Prozent leiden an Nervosität und Reizbarkeit (39,4 Prozent in Betrieben ohne Kündigungen); 45,3 Prozent fühlen sich lustlos und ausgebrannt (35,6 Prozent in Betrieben ohne Kündigungen); Quelle: Wissenschaftliches Institut der AOK, 53170 Bonn. Ferner wächst nach einem Stellenabbau bei den verbleibenden Mitarbeitern das gesundheitliche Risiko zu erkranken um das 3,4- bis 3,7-fache (Quelle: Bundesanstalt für Arbeitsschutz und Arbeitsmedizin).

4 Volker Miess, *Spiegel online.* Ergebnisse der Studie der WIdO (wissenschaftliches Institut der AOK), in der 2000 Arbeitnehmer befragt wurden.

5 Patricia Linville von der Duke-Universität ließ eine Gruppe von Versuchspersonen zwei Wochen lang Tagebuch über ihr Seelenleben führen. Fazit: Je komplexer die Tagebuchschreiber ihr Selbst darstellen konnten, desto weniger Stimmungsschwankungen waren sie unterworfen. Menschen, die über ein sehr komplexes und detailliertes Selbstbild verfügen und die eigenen Widersprüche und Abgründe gut kennen, lassen sich durch Erfolgs- oder Misserfolgserlebnisse offenbar viel weniger aus der Bahn werfen als Menschen, die ein eher einfach strukturiertes Charakterbild von sich entworfen haben. Vgl. Thomas Saum-Aldehoff: »Heute so, morgen so«. In: *Psychologie Heute compact*, Heft 6, Wiesbaden, 2001, S. 30–33

6 Nathaniel Branden: *Die sechs Säulen der Selbstwertgefühls.* Landsberg, 2002, S. 299

7 Christophe André, François Lelord: *Die Kunst der Selbstachtung.* Aufbau Taschenbuch Verlag, Berlin, 2002, S. 278

8 vgl. Marco von Münchhausen: *So zähmen Sie Ihren inneren Schweinehund! Vom ärgsten Feind zum besten Freund.* Campus Ver-

lag, Frankfurt am Main, 2002.
Und: Marco von Münchhausen,
Hermann Scherer: *Die kleinen Sa-
boteure. So zähmen Sie die inneren
Schweinehunde im Unternehmen*.
Campus Verlag, Frankfurt am
Main, 2003

9 Diese Übung stammt von Julia
Cameron, einer sehr erfolgreichen
Kreativtechniken-Trainerin aus
den USA. Unsere eigenen Beobachtungen und Selbstexperimen-
te bestätigen die Wirkung dieser
Übung.

10 vgl. Kuni Becker: *Die perfekte
Frau und ihr Geheimnis*. Rowohlt,
Reinbek bei Hamburg, 1994, S.
184 ff.

11 W. Sarges, in: R. Hossiep et al.:
*Persönlichkeitstests im Personal-
management*, Göttingen, 2000,
S. XVII

12 Weitere Hinweise rund um
Komplimente gibt das Kapitel
zum 6. Gebot ab Seite 127.

13 Untersuchung der amerikanischen Psychologin Ellen Langer.

14 Siehe dazu u.a. Friedemann
Schulz von Thun: *Miteinander
reden*, Bd. 1–3, Reinbek, 1981–98

15 Sich selbst ins rechte Licht zu
rücken und der Öffentlichkeit ein
ganz bestimmtes Bild von sich
zu präsentieren – diesen Anspruch
hatte bereits Goethe. So konnte
der Berliner Kommunikations-
wissenschaftler Branko Woisch-
will in seiner Veröffentlichung
Goethe als Marke detailliert nach-
weisen, wie sich Deutschlands

bekanntester Dichter mit marke-
tingähnlichen Methoden systematisch zu einer zeitlos erfolgreichen Marke aufgebaut hat.

16 Mehr zum Thema Selbstbewusstsein lesen Sie ab Seite 17
im Kapitel zum 1. Gebot.

17 Im Kapitel zum ersten Gebot
ab Seite 17 finden Sie viele praktische Tipps, wie Sie an Ihrem
Selbstwertgefühl arbeiten können.

18 Hinweise zum Networking
lesen Sie im Kapitel zum 6. Gebot
ab Seite 127.

19 Vgl. Meike Müller: *Der starke
Auftritt. So überzeugen Sie in
Ihrem Job*. Frankfurt am Main,
2002

20 Wenn Sie an Ihren Präsentationsfähigkeiten arbeiten möchten, gibt es nicht nur umfangreiche Literatur dazu, sondern
auch diverse Seminare und
Weiterbildungen. Ob Rhetorik,
Schlagfertigkeit, Moderatorenaus-
bildung – hier können Sie unter
Gleichgesinnten üben und erhalten viele hilfreiche Tipps und Hinweise.

21 Martin Hammer: »Dresscode:
Der späte Sieg der Konventionen«.
In: *Süddeutsche Zeitung*, 25.11.2003

22 Praktische Tipps zum Thema
»Ziele setzen« finden Sie in Kapitel zum 5. Gebot ab Seite 107.

23 vgl. K. Friedrich et al., System-
forscher Wolfgang Mewes im
Geleitwort: *Das neue 1 x 1 der
Erfolgsstrategie*, Offenbach, 2003

24 Bei einer To-do-Liste handelt es sich um die schriftliche Planung Ihrer weiteren Vorgehensweise. In Form einer Liste stellen Sie alle zu erledigenden Arbeiten auf: beispielsweise für den Vormittag, den gesamten Tag oder auch für einen längeren Zeitraum (z.B. Woche, Monat).

25 Bei den meisten liegen die Leistungshochs vormittags zwischen 9 und 11 Uhr und nachmittags zwischen 16 und 19 Uhr.

26 Das Leben bietet uns viele Wahloptionen, die wir vor dem Hintergrund unserer Einstellungen, Werte und Ziele annehmen oder ablehnen können. Viele Menschen haben vor diesen Entscheidungen Angst. Doch nur wenn wir lernen, uns auch aktiv abzugrenzen, können wir eine innere Balance gewinnen. Daher: Mut zum »Nein«! Dabei ist jedoch Sensibilität gefragt: Ein »Nein« zum falschen Zeitpunkt mit einer harschen Begründung kann auch das Karriere-Aus bedeuten. Auch wenn Ihre berufliche Laufbahn in dem Unternehmen erst begonnen hat, sollten Sie sich eher freundlich und aufgeschlossen zeigen.

27 »Networking« ist die methodische und systematische Pflege eines Kontaktnetzes.

28 Wir beschreiben hier sehr ausführlich, wie Sie ein jobinternes Netzwerk in Ihrem Unternehmen aufbauen. Die beschriebenen Tipps und Hinweise lassen sich jedoch auch auf Ihr gesamtes Umfeld außerhalb Ihres Unternehmens übertragen. Wie in diesem Kapitel beschrieben, können Sie ebenfalls bei Geschäftspartnern oder Ihren privaten Freunden und Bekannten vorgehen – die grundlegende Vorgehensweise bleibt identisch.

29 Wir werden hier nicht auf die Personen eingehen, mit denen Sie bereits im Job ein sehr freundschaftliches und offenes Verhältnis pflegen. Hier gilt: Fragen Sie direkt nach Unterstützung, wenn Sie sie benötigen. Bei anderen Mitarbeitern sollten Sie genau abwägen, wann Sie für was wie um Hilfe fragen. Haben Sie bereits genug Vertrauen für ein sensibles Thema? Hören Sie auf Ihren Instinkt! Wir gehen hier zunächst eher von strategischen Allianzen aus, das heißt von Kontakten, die bereits eine gewisse Zeit bestehen, bevor sie aktiv genutzt werden.

30 Die Fähigkeit des kleinen Plauschs ist für den Aufbau von Beziehungen immens wichtig. Wenn Sie der Meinung sind, dass Sie in dieser Hinsicht noch an sich arbeiten könnten und es Ihnen schwer fällt, im Smalltalk zu überzeugen – besuchen Sie ein Seminar. Hier lernen Sie mit Gleichgesinnten, wie Sie praktisch vorgehen: wie Sie mit Unbekannten schnell ins Gespräch kommen, wie Sie Ihre Schüchternheit überwinden, worauf es beim ersten Zusammentreffen ankommt und wie Sie sich elegant verabschieden (z. B. in unserem Büro für Berufsstrategie).

31 Um Ihnen keine falschen Hoffnungen zu machen – nicht immer können Sie eine Kündigung abwenden. Denn egal wie kompetent, wie beliebt, wie unentbehrlich: Bei betriebsbedingten Kündigungen sind Unternehmen meist zur »sozialen Auswahl« verpflichtet. Dauer der Betriebszugehörigkeit, Alter, Familienstand oder Gesundheitszustand der Mitarbeiter müssen berücksichtigt werden.

32 Um sich »unentbehrlich« zu machen, sollten Sie über ein gewisses Maß an Selbstbewusstsein und Präsentationsfähigkeiten verfügen; in der Lage sein, gezielt zu kommunizieren und Personen für sich zu gewinnen – wie in den anderen Kapiteln dieses Buches näher ausgeführt ist.

33 Zum Thema freundlich »Nein-Sagen« lesen Sie mehr ab Seite 118.

34 Bitte beachten Sie auch hierbei die Grundlagen der Gesprächsführung, siehe Seite 69.

35 Die Bestandsaufnahme Ihrer Stärken wird im Kapitel zum 4. Gebot ab Seite 87 genauer beschrieben, aber auch im Kapitel zum ersten Gebot ab Seite 17.

36 Zum Thema Selbstmarketing finden Sie ausführliche Informationen und Hinweise im Kapitel zum 4. Gebot, ab Seite 87.

37 Zur Entstehung von Sympathie siehe auch Seite 45.

38 Bei allen »Annäherungsversuchen« sei sicherheitshalber gesagt: Ihr Chef soll nicht gleich Ihr bester Freund werden, bewahren Sie stets eine gewisse Distanz. Respektvoller Abstand ist oft besser als verhängnisvolle Vertrautheit. Erzählen Sie ihm nicht von Ihren privaten Problemen (auch wenn er es tun sollte!) und ziehen Sie keinesfalls über Ihre Kollegen her.

39 Howard Gardner: *Abschied vom IQ*, Stuttgart 1991

40 Vgl. Andreas Huber: *EQ – Emotionale Intelligenz*, München 1996.

41 Daniel Goleman, *Emotionale Intelligenz*, München 1997

42 Edward L. Thorndike, zitiert nach Andreas Huber, a. a. O., S. 27

43 Soziale Kompetenz ist trainierbar, das heißt, es gibt Möglichkeiten, soziale und emotionale Fähigkeiten weiterzuentwickeln und zu verbessern, um zwischenmenschliche Kommunikations- oder Konfliktsituationen besser bewältigen zu können. Psychotherapeuten sprechen in diesem Zusammenhang vom »Training sozialer Kompetenz« (TSK). Dazu wird unter anderem in Rollenspielen, Verhaltens- und Nachahmungsübungen sowohl einzeln als auch in Gruppen der individuelle Sozialcharakter gefestigt und dadurch Selbstbewusstsein sowie Selbstsicherheit gestärkt.

44 Flexibilität, lateinisch flectere, bedeutet biegen oder beugen. In der Arbeitswelt heißt das, sich auf geänderte Anforderungen und

Gegebenheiten schnell einstellen zu können.

45 Schauen Sie sich dazu noch einmal das Kapitel zum 1. Gebot ab Seite 17 an.

46 Weitere Hinweise und Tipps zum freundlichen »Nein-Sagen« lesen Sie mehr auf Seite 118.

47 Was es auch immer ist, was Sie antreibt, keines der Motive ist per se gut oder verdammenswert. Hier geht es nicht um eine Wertung. Sie sollten nur ehrlich sich

selbst gegenüber sein. Denn so können Sie viel effektiver nach weiteren Möglichkeiten Ausschau halten, sich selbst voranzubringen, erfolgreicher zu werden. Sie können dann auch leichter Ihre Arbeit und Ihr Berufsfeld auf die Dinge lenken, für die Sie sich wirklich interessieren.

48 Vgl. Robert J. Sternberg: *Erfolgsintelligenz*, a. a. O.

49 Nathaniel Branden: *Die 6 Säulen des Selbstwertgefühls*. Landsberg, 2002

Stichwortverzeichnis

Der Job-Knigge für die Westentasche

berufsstrategie

Petra Begemann
Der kleine Business-Knigge
120 Seiten, broschiert
€ 8,95 (D)/sFr 17,–/€ 9,20 (A)
ISBN 978-3-8218-5962-0

Eine wichtige, aber häufig unterschätzte Voraussetzung
für den Berufserfolg ist der richtige Umgang mit Geschäftspartnern, Vorgesetzten und Kollegen. Es gibt eingeführte
Regeln, die man beachten muss – aber auch viele ungeschrie-
bene Gesetze, die eigentlich nur Insider kennen.

Die zentralen Themen
- Das aktuelle Auswahlverfahren
- Die verschiedenen Auswahlkriterien der Hochschulen
- Die schriftliche Bewerbung um einen Studienplatz
- Das Auswahlgespräch um einen Studienplatz
- Schriftliche Eignungs- und Studierfähigkeitstests
- Tipps von Hochschullehrern für Bewerber/innen

Eichborn
www.eichborn.de

Thomas Gordon

Ob in der Partnerschaft, Familie oder am Arbeitsplatz –
Bestsellerautor Thomas Gordon gibt anschauliche
Ratschläge für ein harmonisches Miteinander.

978-3-453-60000-3

Managerkonferenz
Effektives Führungstraining
Aktualisierte Neuausgabe
978-3-453-60000-3

Familienkonferenz
Die Lösung von Konflikten
zwischen Eltern und Kind
978-3-453-02984-2

*Die Neue
Familienkonferenz*
Kinder erziehen,
ohne zu strafen
978-3-453-07861-1

Lehrer-Schüler-Konferenz
Wie man Konflikte
in der Schule löst
978-3-453-02993-4

Souveräner zum Erfolg

Die sichersten Strategien zur Selbstbehauptung

978-3-453-67004-4

Barbara Berckhan
Schluss mit der Anstrengung
Ein Reiseführer in die Mühelosigkeit
978-3-453-67004-4

Barbara Berckhan
Die etwas gelassenere Art, sich durchzusetzen
Ein Selbstbehauptungstraining für Frauen
978-3-453-86412-2

Barbara Berckhan
So bin ich unverwundbar
Sechs Strategien, souverän mit Ärger und Kritik umzugehen
978-3-453-21491-0

Barbara Berckhan
Die etwas intelligentere Art, sich gegen dumme Sprüche zu wehren
Selbstverteidigung mit Worten – Mit Trainigsprogramm
978-3-453-18878-5